99 Youngtimer,
aus denen Sie nie wieder aussteigen wollen

Sven Jürisch

99 Youngtimer

aus denen Sie nie wieder aussteigen wollen

Impressum

Verantwortlich: Charlotte von Schelling
Layout: Nina Andritzky
Satz: Helen Garner
Repro: Cromika
Lektorat und Korrektorat: Michael Dörflinger
Einbandgestaltung: Ralph Hellberg
Herstellung: Anna Katavic
Printed in Italy by Printer Trento

Sind Sie mit diesem Titel zufrieden? Dann würden wir uns über Ihre Weiterempfehlung freuen.
Erzählen Sie es im Freundeskreis, berichten Sie Ihrem Buchhändler, oder bewerten Sie bei Ihrem nächsten Onlinekauf.
Und wenn Sie Kritik, Korrekturen oder Aktualisierungen haben, freuen wir uns über Ihre Nachricht an GeraMond Verlag, Postfach 40 02 09, D-80702 München oder per E-Mail an lektorat@verlagshaus.de.

Unser komplettes Programm finden Sie unter   www.geramond.de

Alle Angaben dieses Werkes wurden vom Autor sorgfältig recherchiert und auf den aktuellen Stand gebracht sowie vom Verlag geprüft. Für die Richtigkeit der Angaben kann jedoch keine Haftung übernommen werden.

Das Bildmaterial des Umschlags und des redaktionellen Inhalts stammt überwiegend von den einzelnen Herstellern der Autos mit Ausnahme der Abbildungen der Nummern 31, 32 und 33 (Magic Car Pics) sowie der Nummern 60 und 91 (Sven Jürisch).

Technische Daten, Produktionszeit, Stückzahlen und Preisangaben beziehen sich auf das beschriebene Modell. Die Preisermittlung gibt den Stand bei RedaktionsschlussAnfang 2016 wieder. Bitte beachten Sie, dass sich die Preise bestimmter Marken und Typen aufgrund derzeit lebhafter Nachfrage kurzfristig ändern können; sie sind daher als Orientierungshilfe gedacht. Wir bitten um Ihr Verständnis.

Die Deutsche Nationalbibliothek verzeichnet diese Publikation in der Deutschen Nationalbibliografie; detaillierte bibliografische Daten sind im Internet über http://dnb.d-nb.de abrufbar.

© 2016 GeraMond Verlag GmbH
ISBN 978-3-86245-755-7

Wer sich mit dem Thema „Youngtimer" beschäftigt, wird schnell eines merken: Eine echte Abgrenzung dieser Sparte zum normalen Gebrauchsauto fällt schwer. Was eben noch ein ganz normales Fortbewegungsmittel war, wird mehr oder weniger schleichend zum Youngtimer, dessen Wert und Reputation allerdings mit seinem Zustand steht und fällt. Dass das inzwischen viele Autobesitzer erkannt haben, wird durch die teilweise rasanten Preissprünge der letzten Jahre deutlich. War bis vor kurzem ein Golf II GTI ein einfacher Gebrauchtwagen, ist er inzwischen zu einem ähnlich überteuerten Sammlerstück geworden wie sein Vorgänger.

Diese Entwicklung bringt es auch mit sich, dass sich die Szene verändert hat. Angesichts von Mini-Zinsen auf der Bank sehen immer mehr Menschen in einem alten Auto ein Investmentobjekt, mit dem sich der eine oder andere Euro verdienen lässt. Das treibt die Preise für Fahrzeuge und Teile in die Höhe, bisweilen soweit, dass die wirklichen Liebhaber frustriert das Handtuch werfen. Lassen Sie sich dadurch weder die Freude an dem Hobby nehmen, noch verrückt machen. Denn auch die Preisspirale bei Youngtimern dreht sich nicht ins Unendliche. Zumal es sie noch gibt, die Schnäppchen in den Einzelgaragen und die bislang wenig beachteten Außenseiter der Automobilindustrie. Sie zu entdecken ist Teil des Vergnügens „Youngtimer", genauso, wie die Expedition in die Technik des neuen „Alten". Und am Ende steht für die meisten dann die erste Fahrt im Auto ihrer Jugendträume. Und jede Wette, wer sich einmal auf das Thema „Youngtimer" eingelassen hat, wird so schnell aus seinem Traumoldie nicht wieder aussteigen wollen.

Herzlichst Ihr

Sven Jürisch

▶ **Vorwort** 5

01	Alfa Romeo GTV	10
02	Alfa Romeo 75	12
03	Alfa Romeo Spider 916	14
04	Alfa Romeo Spider	15
05	Alfa Romeo Sprint Zagato	16
06	Audi 80 Avant RS2	18
07	Audi 100 Avant S4	20
08	Audi 200 (Typ 44)	22
09	Audi A2	23
10	Audi Cabriolet	24
11	Audi Coupé	26
12	Audi Coupé B2	28
13	Audi quattro	30
14	Audi V8	32
15	BMW 6er	34
16	BMW 7er E23	35
17	BMW 8er	36
18	BMW E30 iX	38
19	BMW E30 Cabrëolet	40
20	BMW M3 E30	42
21	BMW E36 M3 GT	44
22	BMW M 5 E34	46
23	BMW M635 CSI E24	48
24	BMW Z1	50
25	Buick Park Avenue	52
26	Cadillac Allante	54
27	Chevrolet Corvette	56
28	Chrysler Le Baron	58
29	Citroën CX	60
30	Citroën 2CV „Ente"	62
31	DeLorean DMC-12	64
32	Ferrari Mondial	66
33	Ferrari Testarossa	68
34	Ford Escort Cabriolet	70
35	Ford Sierra XR4i	72

36	Honda S2000	74
37	Jaguar XJ 220	76
38	Jaguar XJ-S	78
39	Jaguar XJ Serie III	80
40	Jeep Cherokee XJ	81
41	Lamborghini Diablo	82
42	Lancia Delta integrale	84
43	Lancia Thema	86
44	Lexus LS 400	88
45	Mazda MX-5 (NA)	90
46	Mazda RX-7	92
47	Mercedes 500 E	94
48	Mercedes W 124 Coupé	96
49	Mercedes W 126 Coupe	98
50	Mercedes W 140 Coupé	100
51	Mercedes G-Modell	102
52	Mercedes SL R 129	103
53	Mercedes W 140	104
54	Mercedes W 201	106
55	MG F (TF)	108
56	MG ZT 260+	110
57	Mini Cooper	112
58	Mitsubishi Pajero L040	114
59	Mitsubishi Sapporo E16	115
60	Nissan 200 SX/Silvia	116
61	Opel Calibra	118
62	Opel Lotus Omega	120
63	Opel Manta	122
64	Opel Monza	124
65	Peugeot 306 Cabriolet	126
66	Peugeot 405 MI 16	128
67	Peugeot 406 Coupé	130
68	Peugeot 504 Cabriolet	132
69	Peugeot 604	134
70	Pontiac Fiero	136
71	Porsche 911 Cabriolet	138
72	Porsche 911 Speedster	140
73	Porsche 924	142
74	Porsche 928	144
75	Porsche 959	146
76	Porsche 968	148
77	Porsche Boxster	150
78	Range Rover	152
79	Renault 5 turbo	154

80	Renault 25	155
81	Renault Alpine A 610	156
82	Renault Avantime	158
83	Renault Espace	160
84	Renault Fuego	162
85	Rolls-Royce Silver Seraph	164
86	Rolls-Royce Silver Spur	166
87	Saab 900	168
88	Seat Ibiza	170
89	Subaru Libero	172
90	Subaru SVX	174
91	Toyota MR2	176
92	Toyota Supra	178
93	Volkswagen Corrado	180
94	Volkswagen Golf Cabriolet	182
95	Volkswagen Golf Country	183
96	Volkswagen Golf GTI 19E	184
97	Volkswagen Polo G40	186
98	Volkswagen Scirocco	188
99	Volkswagen T3	190

01 Alfa Romeo GTV

Als Montreal für kleine Leute wurde der Alfa GTV oft belächelt. Heute ist er eines der letzten italienischen Originale und bei Sammlern hoch im Kurs.

Ab 1976 konnte der bekennende Alfisti auch in Sachen GT-Coupé bei seiner Marke fündig werden. Mit der Alfetta GTV erschien die Coupé-Version der Alfetta und konkurrierte zuerst mit dem wesentlich teureren Montreal um die Gunst der Kunden. Elegant gestylt und zunächst nur mit einem 2,0-Liter-Doppelnockenwellen-Vierzylinder bestückt, sorgte das Coupé für Furore. Vor allem die guten Fahreigenschaften, hervorgerufen durch die optimale Gewichtsverteilung, begeisterten die Fahrer. Der GTV hatte hierfür eine De-Dion-Hinterachse spendiert bekommen, zudem saß das Getriebe mit seinem Differential an der Hinterachse in einem gemeinsamen Gehäuse (Transaxle). Ab 1982 gab es dann sogar einen 2,5-Liter-Sechszylinder mit maximal 158 PS. Das Auto hieß fortan allerdings nicht mehr Alfetta GTV, sondern nur noch GTV und trug modisch schwarzes Plastik auf seinem italienischen Blechkleid, sodass der Rost bisweilen lange im Verborgenen blühen konnte. Eine luxuriöse Innenausstattung mit dem typischen Alfa-Armaturenbrett für die zahlreichen Rundinstrumente bot sogar Platz für vier Erwachsene und machte das Coupé zu einem echten Reisewagen. Kenner bevorzugen entweder die fast ausgestorbenen frühen Versionen (erkennbar an den unterteilten Rückleuchten) oder aber die späten und ebenfalls sehr seltenen Grand-Prix-Sondermodelle.

▶ Rostfreie GTV sind häufig schon einmal restauriert. Daher ist es ratsam, sich alle Belege zu den Arbeiten zeigen zu lassen. Oftmals wurde auch der Motor schon einmal überholt. Auf Originalität achten.

Produktion	1976–1986
Stückzahl	k.A.
Bauart	R4-V6-Zylinder
Steuerung	OHC, DOHC
Hubraum (l)	1,6–2,5
Leistung (PS)	122–158
bei UPM	5.600
Höchstgeschw. (km/h)	218
Preisspiegel 2015 (in Euro)	
Zustand 1	16.500
Zustand 2	10.500
Zustand 3	6.000
Wertentwicklung	

Tipp: Zender legte einst eine Sonderserie auf, die später als „Grand Prix" offiziell vermarktet wurde. Kaufen, wenn man ein gutes Exemplar findet.

02 *Alfa Romeo 75*

Die letzte Alfa-Limousine mit Heckantrieb war der Alfa Romeo 75. Das glücklose Auto fand zu Lebzeiten kaum Liebhaber. Heute ist es gesucht und selten.

Nach der Produktionseinstellung der Giulietta Nuova erschien 1985 der Alfa 75 auf der Bildfläche. Das Auto wies nicht nur eine moderne Keilform auf, sondern zeigte mit seiner rundum eingelassenen Plastikzierleiste, wohin die stilistische Reise bei Alfa in den 1980er-Jahren gehen sollte. Weg mit dem Chrom und her mit der neuen Nüchternheit schien das Motto zu sein. Zahlreiche Versionen des Alfa 75, darunter so verlockende Modelle wie der 3,0-Liter-V6 mit immerhin 185 PS oder ein 1,8-Liter-Turbo im nur 500-mal gefertigten Alfa 75 Evoluzione, konnten jedoch nicht verhindern, dass die Kundschaft lieber zu Mercedes und BMW griff.

▶ Große Auswahl an Alfa 75 herrscht hierzulande nicht mehr. Der Turbo dürfte daher meist ein unerfüllter Wunsch bleiben, genauso wie der seltene Amerika mit dem tollen V6. Allerdings ist die Marktlage in Italien besser.

Denn, wie so häufig, war auch bei diesem Alfa die Verarbeitungsqualität äußerst bescheiden. Da nutze auch die aufwendige Fahrwerkstechnik nicht, die den Alfa 75 zum wohl bestliegenden Auto seiner Klasse machte. Die transaxale Bauweise begünstigte die Fahreigenschaften noch zusätzlich. Das Getriebe saß auch bei diesem Alfa an der Hinterachse und sorgte so für eine ausgeglichene Gewichtsverteilung. Ebenso wegweisend war auch die erstmals in Großserie eingesetzte Doppelzündung. So sorgten beim 2,0-Liter-Vierzylinder zwei Zündkerzen (Twin Spark) pro Zylinder für eine optimierte Verbrennung und geringeren Verbrauch. 1991 war Schluss mit der Nummer 75 und die Produktion wurde eingestellt.

Produktion	1985–1991
Stückzahl	k.A.
Bauart	R4-V6-Zylinder
Steuerung	OHC, DOHC
Hubraum (l)	1,6–3,0
Leistung (PS)	109–185
bei UPM	k.A.
Höchstgeschw. (km/h)	218
Preisspiegel 2015 (in Euro)	
Zustand 1	k.A.
Zustand 2	7.500
Zustand 3	3.500
Wertentwicklung	

Tipp: Gute 75er finden sich bisweilen in der Schweiz. Aber Achtung: Bei der Einfuhr kommen 19% Umsatzsteuer zum Kaufpreis hinzu.

03 *Alfa Romeo Spider 916*

Produktion	1998–2005
Stückzahl	39.088
Bauart	R4-V6-Zylinder
Steuerung	DOHC
Hubraum (l)	1,8–3,2
Leistung (PS)	144–240
bei UPM	6.200
Höchstgeschw. (km/h)	242
Preisspiegel 2015 (in Euro)	
Zustand 1	8.500
Zustand 2	6.500
Zustand 3	2.500
Wertentwicklung	

Pininfarina war der Designer, der 1994 so manch einem Alfa-Fan schlaflose Nächte bescherte. In diesem Jahr erschien nämlich der extrem keilförmige Nachfolger des über 30 Jahre gebauten Alfa Spider. Dessen Rundungen ersetzte Alfa durch moderne, dynamische Formen und selbst in Sachen Antrieb brach man mit der Tradition. Der neue Spider hatte nun Front- statt Heckantrieb. Um eine Verwandtschaft zu Modellen wie dem großen 164er herzustellen, setzte Alfa bei den Rückleuchten und dem Felgendesign auf Anleihen aus dem Topmodell. Unter seiner Haube kam entweder der 2,0-Liter-Twin-Spark-Motor mit der Doppelzündung oder der 3,0-Liter-V6 zum Einsatz. Erst später wurde dieser Motor auf 3,2 Liter aufgebohrt.

Tipp: Seien Sie nicht knickerig und greifen selbstbewusst zum 3,2-Liter-Sechszylinder. Schon allein der Klang ist es wert. Und die Maschine ist ausgereift.

04 *Alfa Romeo Spider*

Wie so häufig, weiß man erst, was man an etwas hatte, wenn es Geschichte ist. So erging es auch den Fans des Alfa Spider der ersten Generation. Noch 1983 bei der Einführung des mit Gummilippen verzierten Spider „Aerodynamica" nörgelte man am Design herum, ohne zu realisieren, dass man ein Auto nicht unverändert 25 Jahre lang bauen kann. Sechs Jahre später kam dann die Versöhnung mit dem erneut gelifteten Klassiker. Unter der Haube der klassische 2,0-Liter-Doppelnockenwellenmotor mit dem einzigartigen Alfa-Sound. Heckantrieb und die spezielle Spider-Sitzposition machten das Glück vollkommen. Wer richtig Dampf im Spider sucht, greift zum 2000er Spider Veloce, den es von 1971–1975 mit 131 PS gab.

Produktion	1966–1993
Stückzahl	k.A.
Bauart	R4-Zylinder
Steuerung	DOHC
Hubraum (l)	1,3–2,0
Leistung (PS)	89–131
bei UPM	6.200
Höchstgeschw. (km/h)	198
Preisspiegel 2015 (in Euro)	
Zustand 1	26.500
Zustand 2	16.500
Zustand 3	13.500
Wertentwicklung	👍

Tipp: Inzwischen darf es auch ein später Spider sein. Nachdem die Fans jahrelang nur frühe Modelle akzeptierten, sind auch die Aerodynamica salonfähig geworden.

05 — Alfa Romeo Sprint Zagato

Man trifft sich immer zweimal im Leben, schien das Motto für die Verbindung von Alfa und der Carrozzeria Zagato zu sein. Als Ergebnis dieser Begegnung entstand der ES 30, ein Coupé, das nur selten auf der Straße zu sehen ist.

Wer sich für diesen Alfa Romeo interessiert, muss erst einmal damit fertig werden, dass das Auto ganz nüchtern auf die Bezeichnung ES 30 hört. Dahinter verbirgt sich nicht etwa ein Kühlschrank, sondern ein als Coupé und ab 1992 auch als Roadster gefertigter Zweisitzer, der von Beginn an in die Herzen der Liebhaber fuhr. Verantwortlich für den Entwurf zeichneten gleich drei Designzentren. Fiat, Alfa und die Zeichner der kleinen aber feinen Karosserieschmiede Zagato erstellten den Sportwagen auf der Basis des Alfa 75, von dem auch große Teile der Motor- und Antriebstechnik kamen. Herzstück war dabei der 3,0-Liter-V6-Motor mit 210 PS, der das Auto auf immerhin 245 km/h beschleunigte. Um das Fahrzeuggewicht

▶ Vermutlich nur wenige Menschen werden je einen Alfa ES zu Gesicht bekommen haben. Das Auto ist aufgrund seiner limitierten Stückzahl eine echte Rarität und entsprechend teuer. Als Wertanlage ist er allerdings nur noch mäßig interessant, da der Preis inzwischen ausgereizt ist.

(1.256 kg für das Coupé) möglichst niedrig zu halten, kamen in dem Alfa Romeo Sprint Zagato besondere Leichtbauwerkstoffe zum Einsatz. So bestehen Teile der Karosserie aus einem glasfaserverstärkten Metallharz, die auf den aus Stahl gefertigten Rahmen aufgebracht wurden. Im Innenraum wurde der Leichtbau durch Kohlenfaserelemente am Armaturenbrett dokumentiert, ein Detail, das bis heute Seltenheitswert hat. Beide Modelle – Coupé und Cabriolet – wurden bei Zagato in Rho in Handarbeit hergestellt und erreichten nur geringe Stückzahlen, was zum einen der eigenwilligen Formgebung, zum anderen dem hohen Preis geschuldet war. Mit etwas über 80.000 DM war der Alfa nämlich in den Kreis der Supersportwagen vorgestoßen. Und die lockten teilweise mit deutlich mehr Leistung.

Produktion	1989–1993
Stückzahl	1.036 bzw. 278 (Roadster)
Bauart	V6-Zylinder
Steuerung	k.A.
Hubraum (l)	3,0
Leistung (PS)	207–210
bei UPM	6.200
Höchstgeschw. (km/h)	245
Preisspiegel 2015 (in Euro)	
Zustand 1	43.500
Zustand 2	36.800
Zustand 3	29.800
Wertentwicklung	👎

Tipp: Schnäppchen gibt es keine, doch wenn es der Traumwagen ist, kann man schon mal etwas tiefer in die Tasche greifen.

06 *Audi 80 Avant RS2*

Mit dem Audi 80 Avant RS2 gelang Audi endgültig der Schritt aus der Ecke der Biedermann-Autos. Der Kombi hatte 315 PS und war von Porsche mit entwickelt worden.

Wenn ein Auto das Image von Audi in den 1990er-Jahren entscheidend mitgeprägt hat, dann der Audi 80 Avant RS2. Der eigentlich biedere Audi-80-Kombi erhielt in Zusammenarbeit mit Porsche eine Dopingkur der besonderen Art. Waren optisch lediglich ein paar neue Stoßfänger sowie die typischen Porsche-Spiegel und Blinker zu vermelden, sah die Sache unter dem Blech schon anders aus. Immerhin 315 PS holten die Ingenieure aus dem Fünfzylinder-Turbomotor. Ein veränderter Lader samt Abgaskrümmer sowie eine modifizierte Zünd- und Einspritzanlage sorgten ab 3.000 U/min für ordentlich Dampf an allen vier Rädern. Denn auch der permanente Allradantrieb „quattro" war mit an Bord des Audi. Damit war Traktion kein Thema und wer eilig in den sechs Vorwärtsgängen rührte, beschleunigte den Kombi binnen 5,6 Sekunden auf 100 km/h. Schluss war erst bei 262 km/h. Aber auch umgekehrt war der RS2 schnell, beim Bremsen half eine Porsche-Bremsanlage, die Fuhre wieder zum Stehen zu bringen. Rund zwei Jahre währte das Gemeinschaftsprojekt, was übrigens bei Porsche aufgebaut wurde, dann lief nach 2.891 Exemplaren der letzte Renn-Kombi mit Fünfzylinder-Motor vom Band. Heute gehört das Auto zu den Ikonen der Marke und ist inzwischen auf dem Weg mit seinem Urahnen Audi quattro preislich gleichzuziehen.

▶ Bild oben: So macht man aus einem biederen Vertreterkombi einen Sportwagen. Audi ließ den RS 2 bei Porsche komplettieren und erbte so auch den Glanz der Sportwagenschmiede für den Kombi.

Bild unten: An der Vorderachse kamen Bremssättel aus dem Porsche 911 zum Einsatz.

Produktion	1994–1996
Stückzahl	2.891
Bauart	R5-Zylinder
Steuerung	DOHC
Hubraum (l)	2,2
Leistung (PS)	315
bei UPM	6.500
Höchstgeschw. (km/h)	262
Preisspiegel 2015 (in Euro)	
Zustand 1	34.500
Zustand 2	28.800
Zustand 3	22.800
Wertentwicklung	

Tipp: Auf Originalität und verborgene Vorschäden achten. Schwierige und teure Ersatzteileversorgung.

07

Audi 100 Avant S4

Mit einem starken Turbomotor wurde aus dem Vertreterkombi Audi 100 ab 1992 der Überflieger S4. 230 PS und Allradantrieb machten ihn zum Vorreiter der Lifestylekombis.

Waren Kombis bis weit in die 1980er-Jahre eher als Handwerkerautos verrufen, änderte sich spätestens mit dem Erscheinen des Audi 100 der Baureihe C4 dieses Bild. Der Laderaum war mit edlem Velours ausgekleidet, es gab luxuriöse Extras wie Ledersitze oder Sitzheizung auf allen Plätzen und die Motoren mussten auch keine lahmen Diesel mehr sein, sondern es durfte durchaus auch hier im Luxus geschwelgt werden. Wie im Spitzenmodell, dem Audi 100 S4 mit seinem 2,2 Liter großen Turbomotor und 230 PS. Wahlweise mit Automatik aber immer

▶ Ein Schnelllaster mit Understatement-Faktor. Nur der Kenner sah, dass in dem simplen Audi 100 bis zu 280 PS schlummerten. Mit dem Modellwechsel im Jahr 1994 ersetzte Audi die Modellbezeichnung „Audi 100" durch „Audi A6". Die Technik blieb indes unverändert.

mit permanentem Allradantrieb war das Auto schnell der Skilift der Besserverdiener. Wer es noch eiliger hatte, der konnte sogar einen 280 PS starken V8-Motor bekommen. Doch in jedem Fall erhielt der Kunde ein extrem dezentes Mobil, mit dem man bis zu 250 km/h seinem Ziel näher kam. Und wenn die Familie mal etwas größer wurde, war das auch kein Problem, denn im Audi 100 Avant konnte gegen Mehrpreis eine dritte Sitzreihe entgegen der Fahrtrichtung bestellt werden. Damit wurde der Audi dann zum Siebensitzer. Nur wenige dieser Schnelllaster haben überlebt, denn nicht selten diente vor allem die Turboversion als Spender für zahlreiche Umbauprojekte.

Produktion	1991–1994
Stückzahl	k.A.
Bauart	R5-Zylinder
Steuerung	k.A.
Hubraum (l)	2,2
Leistung (PS)	230–280
bei UPM	6.500
Höchstgeschw. (km/h)	249
Preisspiegel 2015 (in Euro)	
Zustand 1	6.300
Zustand 2	3.800
Zustand 3	2.500
Wertentwicklung	👍

Tipp: Eine Version mit besonderem Reiz ist die Limousine mit Sechsgang-Getriebe und Turbomotor. Gab es ab 1995 auch als S6 mit leicht veränderter Optik.

08 *Audi 200 (Typ 44)*

Produktion	1983–1991
Stückzahl	k.A.
Bauart	R5-Zylinder
Steuerung	OHC, DOHC
Hubraum (l)	2,15
Leistung (PS)	182–220
bei UPM	6.200
Höchstgeschw. (km/h)	230
Preisspiegel 2015 (in Euro)	Audi 200 quattro
Zustand 1	5.900
Zustand 2	4.800
Zustand 3	3.300
Wertentwicklung	👎

Mit dem aerodynamisch ausgefeilten Nachfolger des erfolglosen Audi 200, dem Audi 200 Typ 44, versuchten die Ingolstädter ab 1983 ein weiteres Mal, in die Oberklasse einzudringen. Der Turbomotor wurde überarbeitet und erhielt mit 182 PS und einer Ladeluftkühlung nun 12 PS mehr Leistung. Dazu gab es viel Velours im Innenraum, zahlreiche elektrische Helfer und eine Höchstgeschwindigkeit von 230 km/h. Wenig später konnte der Kunde dann noch einen permanenten Allradantrieb dazubestellen oder den Audi 200 mit dem Kombiheck zum Luxuslaster adeln. Eine Produktlinie mit Erfolgsgarantie, denn die Baureihe hielt bis zum Produktionsende des Typ 44 im Jahr 1991 durch.

Tipp: Wer das Besondere sucht, schaut sich nach einem extrem seltenen 20-Ventiler als Kombi um – mit breiteren Kotflügeln und Stoßstangen des US-Modells.

Audi A2

Zu seiner Premiere als hässliches Entlein verrufen, von den Händlern nur mit hohen Rabatten aus dem Verkaufsraum geschubst und vom Hersteller bei der Modellpflege vergessen. Doch dann, kaum standen die Bänder still, begann der Boom auf das komplett aus Aluminium gefertigte Auto. Mit dem 1,6-Liter-FSI-Motor wurde aus dem Audi A2 dank 110 PS ein echter Sportflitzer. Mit der großen Heckklappe und dem variablen Innenraum empfahl sich der Kleinwagen sogar für die Urlaubsreise und das große Schiebedach (Open Sky) ersetzte so manch einem Kunden das Cabriolet. Heute ist der A2 vor allem mit dem 1,6-Liter-Benziner und dem 90-PS-Diesel ein gesuchter Geheimtipp und entsprechend hoch gehandelt.

Produktion	1999–2005
Stückzahl	176.377
Bauart	R4-Zylinder
Steuerung	DOHC
Hubraum (l)	1,6
Leistung (PS)	61–110
bei UPM	5.800
Höchstgeschw. (km/h)	202
Preisspiegel 2015 (in Euro)	
Zustand 1	5.900
Zustand 2	4.800
Zustand 3	3.500
Wertentwicklung	

Tipp: Besonders attraktiv sind die S-Line-Modelle mit 17-Zoll-Rädern und speziellen Innenausstattungen. Den 3L A2 meiden, seine Technik ist anfällig.

10 Audi Cabriolet

Auf Basis des Audi 80 B3 entstand das erste Audi Cabriolet. Mit traditionellem Fünfzylinder-Motor und ohne Überrollbügel eroberte es schnell die Herzen der Frischluftfans.

Zu Beginn der 1990er-Jahre befand sich Audi im Aufbruch. Der rundliche Audi 80 B3 kam beim Publikum bestens an und mit dem Audi 200 und dem Audi V8 hatte man gleich zwei Speerspitzen für den Angriff auf die Oberklasse. Da fehlte nur noch ein schickes Cabriolet, das 1992 in Form eines offenen Audi 80 auf den Markt kam. Das Auto war von Beginn an ein Erfolg, war es doch dem bisherigem Marktführer von BMW in vielen Belangen um Jahre voraus. Selbst in Sachen Klangteppich, bislang eine Domäne der Münchner, konnte der Audi überzeugen. Der zunächst ausschließlich angebotene Fünfzylinder-Saugmotor sorgte nicht nur mit seinem typischen Klang für gute Unterhaltung, sondern bot auch ordentliche Fahrleistungen. Mit seinen 133 PS ging das Auto fast 200 km/h und beschleunigte in unter zehn Sekunden auf 100 km/h. Später kamen noch zwei Sechszylinder und ein Diesel hinzu, doch so richtig klassisch war nur der Fünfzylinder. Mit geringen Produktaufwertungen überlebte das Audi Cabriolet bis in die 2000er-Jahre, denn Audi sah zunächst keine Veranlassung, vom Audi-80-Nachfolger eine offene Version aufzulegen. Erst mit dem Audi A4 des Typ B6 erneuerte Audi das bis heute beliebte B3 Cabriolet.

▶ Bild oben: Mit den optionalen Gurtintegralsitzen bot das Audi Cabriolet im Falle eines Überschlags zusätzliche Sicherheit. Einen Überrollbügel gab es für das Auto nicht.

Bild unten: Erst zum Ende der Produktionszeit gab es ein Facelift, erkennbar an den geänderten Blinkern in der Frontschürze.

Produktion	1992–2000
Stückzahl	k.A.
Bauart	R5-Zylinder
Steuerung	OHC
Hubraum (l)	2,3
Leistung (PS)	90–174
bei UPM	5.800
Höchstgeschw. (km/h)	198
Preisspiegel 2015 (in Euro)	Audi Cabriolet 2,3 E
Zustand 1	4.900
Zustand 2	4.800
Zustand 3	2.800
Wertentwicklung	

Tipp: Als Wertanlage taugt am ehesten ein frühes Modell mit dem Fünfzylinder und Schaltgetriebe. Bei der Farbwahl ruhig mutig sein. Das Fahrwerk und das Verdeck sind die Schwachpunkte.

11 Audi Coupé

Während der kantige Ur-quattro bis 1991 weitergebaut wurde, trat 1988 ein rundliches Coupé die Nachfolge des seit 1980 gebauten Audi Coupés an.

Nachdem sich die Käufer des Audi 80 mit dem 1986 vorgestellten B3 bereits an die rundliche Formensprache gewöhnt hatten, waren 1988 die Coupé-Kunden an der Reihe. Das eckige Vormodell war ein Jahr zuvor in Rente geschickt worden und hinterließ eine Lücke, die mit dem neuen Audi Coupé auf Basis des Audi 80 gefüllt werden sollte. Zunächst erschien das Audi Coupé mit dem klassischen Fünfzylinder-Einspritzmotor mit 133 PS und 2,3 Litern Hubraum. Wenig später kam dann eine Version mit einem aufwendigen Vierventil-Zylinderkopf auf den Markt, die es auf immerhin 170 PS

▶ Bild links: Das Audi Coupé S2 erkennt man nur an den großen 16-Zoll-Rädern, an denen sich eine verstärkte Bremsanlage verbirgt. Ansonsten sieht es aus wie ein 2,8-Liter-Modell.

Bild rechts: Auch im Innenraum tarnt sich der S2. Lediglich die weiß hinterlegten Instrumente weisen auf das Topmodell hin.

brachte. Doch das war nur der Anfang, denn 1991 legte Audi nach und montierte im S2 Coupé den Vierventil-Turbomotor aus dem Audi 200 20 V. 220 PS und Allradantrieb machten aus dem S2 den potentiellen Nachfolger des in die Jahre gekommenen Urquattros. Ab Modelljahr 1995 erhielt der S2 noch ein Sechsgang-Getriebe und eine Leistungsspritze von 10 PS. Komfortorientierte Sechszylinder-Versionen mit 2,6 und 2,8 Litern Hubraum rundeten das Programm ab. Bis 1996 lief das Auto nahezu unverändert vom Band, dann war die Zeit der Coupés bei Audi erst einmal vorbei.

Produktion	1992–1996
Stückzahl	k.A.
Bauart	R5-Zylinder
Steuerung	OHC
Hubraum (l)	2,3
Leistung (PS)	113–230
bei UPM	5.800
Höchstgeschw. (km/h)	250
Preisspiegel 2015 (in Euro)	Audi Coupé S2
Zustand 1	18.900
Zustand 2	14.800
Zustand 3	7.800
Wertentwicklung	

Tipp: Es muss nicht unbedingt ein S2 sein, auch die V6-Modelle bereiten viel Fahrspaß. Zu ihnen passt ein Automatikgetriebe hervorragend. Die Vierzylinder kranken an Lagerschäden.

12 Audi Coupé B2

Für den Audi-80-Fahrer mit dem besonderen Geschmack war das Audi Coupé gedacht. Mit unveränderter Technik und identischen Abmaßen wie die Limousine war es aber eher ein GT-Coupé, als Sportwagen.

▶ Bild links: Als „quattro" war das Audi Coupé lange Jahre mit einer Alleinstellung auf dem Markt gesegnet. Der Allradantrieb entsprach bis ins Detail dem des großen Bruders.

Bild rechts: Im Innenraum gab es einfache Audi-90-Kost. Ab 1984 wurden das Armaturenbrett verbessert und das Sitzdesign angepasst.

Dass die Autokäufer schon immer bereit waren, für den besonderen Geschmack etwas mehr zu bezahlen, mag der Antrieb für den Bau des Audi Coupé auf Basis des Audi 80 gewesen sein. Das Auto verfügte über die identische Bodengruppe und über den gleichen Antrieb wie die Limousine, war aber dennoch teurer. Als Audi Coupé GT 5S mit einem 1,9-Liter-Vergasermotor debütierte das Auto 1980 nur wenige Monate vor seinem großen Bruder, dem Audi quattro, mit dem er zahlreiche Design-

elemente teilte. Ein Facelift im Jahr 1984 brachte dann etwas mehr Luxus und Eigenständigkeit für das Audi Coupé. Ein optimierter Fünfzylinder mit 136 PS und ein Allradantrieb hielten das Interesse der Kunden wach, denn immerhin war das Coupé nun so etwas wie der „kleine Bruder" des Rallyeweltmeisters. Eine Sonderedition, benannt nach der Rallyefahrerin Michelle Mouton, mit roten Ledersitzen und zahlreichen Extras war dann auch das Highlight des Modellprogramms. Bis 1996 lief das Auto vom Band. Zuletzt gab es sogar noch eine Version mit geregeltem Katalysator. Nachdem das Audi Coupé lange unterschätzt wurde, hat inzwischen ein regelrechter Run auf gute Autos eingesetzt.

Produktion	1980–1996
Stückzahl	k.A.
Bauart	R5-Zylinder
Steuerung	OHC
Hubraum (l)	2,3
Leistung (PS)	90–136
bei UPM	5.800
Höchstgeschw. (km/h)	201
Preisspiegel 2015 (in Euro)	Audi Coupé GT 5-Zylinder
Zustand 1	8.900
Zustand 2	4.800
Zustand 3	3.500
Wertentwicklung	👍

Tipp: Die Modelle mit 90 PS sind zwar noch zahlreich im Angebot, haben aber keine Chance auf Wertzuwachs und machen nur wenig Fahrspaß. Quattros sind dagegen gesuchte Modelle.

13 Audi quattro

Der Audi quattro ist wohl die Ikone der Marke. Mit zwei Rallyeweltmeistertiteln und zahlreichen Innovationen bildete er den Grundstock für die heutige Marken-DNA.

Gut, schön war der Ur-quattro eigentlich nie. Eher zweckmäßig. Und doch war der erste Großserien-Pkw mit schnelllaufendem permanentem Allradantrieb ein Erfolg für Audi. Nicht unbedingt in Sachen Stückzahlen, sondern vielmehr als Image-Lokomotive. Mit „quattro" begann eine neue Zeitrechnung in Ingolstadt und gleichzeitig auch der Aufstieg der Marke. Von Beginn an gab es den Ur-quattro, wie das Auto von seinen Fans schnell genannt wurde, nur mit einer einzigen Motorisierung. Der aufgeladene 2,15-Liter-Fünfzylinder mit 200 PS sorgte dabei neben einem typischen Klangteppich für ordentliche Fahrleistungen und erwies sich als standfest. Zu dem seinerzeit innovativen Allradantrieb kamen im Laufe der Zeit weitere Innovationen wie das digitale Instrumentenkombi oder eine Sprachsynthese für den Bordcomputer hinzu. Auf der Motorseite gab es dagegen nur wenige Änderungen. Ab 1987 erhielt der Motor etwas mehr Hubraum und ab 1989 löste der aus dem Sportquattro entliehene 20-Ventiler-Turbo den inzwischen betagten Zehnventiler ab. 220 PS sorgten fortan für den Vortrieb. Eine leichte optische Aufwertung des Innenraums rundete das Angebot des letzten Modelljahres ab. Im Mai 1991 verließ nach 11.452 Exemplaren der letzte Audi quattro die Fertigungshalle in Ingolstadt.

▶ Bild oben: Zu Beginn seiner Karriere kam der Audi quattro noch mit schmalen 205er-Reifen auf 6J-Felgen daher.

Bild unten: Später passte Audi die Optik des Audi quattro mit 8J breiten Rädern und schwarzen Rückleuchten dem Audi Coupé an.

Produktion	1980–1991
Stückzahl	11.452
Bauart	R5-Zylinder
Steuerung	DOHC
Hubraum (l)	2,2
Leistung (PS)	165–220
bei UPM	5.800
Höchstgeschw. (km/h)	230
Preisspiegel 2015 (in Euro)	Audi quattro 20 V
Zustand 1	48.900
Zustand 2	44.800
Zustand 3	33.500
Wertentwicklung	

Tipp: Wer kann, gönnt sich einen 20-Ventiler, denn der ist auch heute noch vollkommen alltagstauglich. Restaurationen werden durch hohe Teilepreise unwirtschaftlich.

14 *Audi V8*

Ab 1988 war man bei Audi endlich in der Oberklasse angekommen. Der aus dem Audi 200 entwickelte Audi V8 zog zumindest in Technik und Ausstattung an der Konkurrenz vorbei.

Mit dem Audi V8 blies Audi ab 1988 zum Sturm auf das automobile Oberhaus. Unter der Leitung des ehrgeizigen Technikers Piëch hatten die Ingolstädter nahezu alles an dem bisherigen Topmodell Audi 200 verändert und überraschten die Öffentlichkeit mit einer Achtzylinder-Limousine, die zwar technisch spektakulär war, jedoch in einer eher unscheinbaren Karosserie daherkam. Den aufwendigen technischen Umbaumaßnahmen war es geschuldet, dass für eine komplett neue Karosserie samt Innenraum schlicht kein Budget mehr vorhanden war und so musste Audis Topmodell im Kleid des alten

▶ Bild links: Dank Allradantrieb und durchzugstarkem V8-Motor ist der Audi auch auf Schneepisten ein angenehmer Reisewagen.

Bild rechts: Edles Wurzelholz und reichlich Leder machten aus dem Innenraum des Audi 200 die noble Stube des Audi V8. Als Version mit Schaltgetriebe ist er äußerst rar.

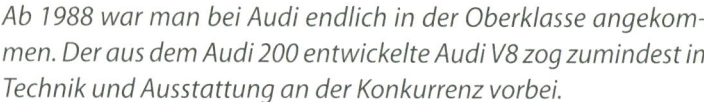

Audi 100 daherkommen. Unter dem Blech gab es dafür Technik vom Feinsten. Den Antrieb besorgte ein Leichtmetall-Achtzylinder-Motor mit 3,6 bzw. später mit 4,2 Litern Hubraum, dazu ein Automatikgetriebe mit Allradantrieb und ein neuartiges Bremssystem an der Vorderachse. Doch der hohe Kaufpreis von anfangs rund 100.000 DM machte es dem Vertrieb schwer, das Auto an den Mann zu bringen. Erst zahlreiche DTM-Rennerfolge und ein aufgefächertes Modellprogramm, das auch eine preiswerte Schaltgetriebe-Version umfasste, schafften zumindest einen befriedigenden Absatz. Zur Abrundung präsentierte Audi eine in Handarbeit gefertigte Langversion, die mit nur 271 Exemplaren einen Exotenstatus genießt.

Produktion	1988–1994
Stückzahl	k.A.
Bauart	V8-Zylinder
Steuerung	DOHC
Hubraum (l)	3,6–4,2
Leistung (PS)	250–280
bei UPM	5.800
Höchstgeschw. (km/h)	235–249
Preisspiegel 2015 (in Euro)	
Zustand 1	8.900
Zustand 2	4.800
Zustand 3	3.500
Wertentwicklung	👍

Tipp: Gönnen Sie sich jetzt einen Audi V8 im Originalzustand, billiger wird er nicht mehr.

15 **BMW 6er**

Produktion	1977–1989
Stückzahl	86.219
Bauart	R6-Zylinder
Steuerung	OHC
Hubraum (l)	2,8–3,5
Leistung (PS)	184–286
bei UPM	5.700
Höchstgeschw. (km/h)	225
Preisspiegel 2015 (in Euro)	BMW 635 CSi (Kat)
Zustand 1	18.900
Zustand 2	14.800
Zustand 3	6.500
Wertentwicklung	👍

Statt des etwas barocken Schicks des Vorgängers waren die Linien des ersten Coupés der neuen BMW-Nomenklatur straff und schnörkellos. Insbesondere die Frontansicht mit der stark nach hinten eingezogenen Niere ließ das Auto modern und dynamisch aussehen. Dazu kam ein komplett neu gestalteter Innenraum, in dem vor allem das stark zum Fahrer hin ausgerichtete Cockpit auffiel. Waren zu Beginn der Produktion nur relativ zahme Motoren im Angebot, änderte sich dies ab 1984. Die M-GmbH hatte den Motor aus dem inzwischen eingestellten BMW M1 für den Einsatz im Sechser präpariert und bot unter der Bezeichnung M 635 CSi ein 286 PS starkes Luxuscoupé an. Mit dem M 635 CSi gewann BMW 1984 die DTM.

Tipp: Es muss nicht unbedingt ein teurer M6 sein. Mit dem 211 PS starken 635 CSi erhält man ein vorzügliches Reisecoupé, dass im Alltag keinerlei Probleme bereitet.

BMW 7er E23

Kein Bauteil der alten 6er Limousinebaureihe war für den 7er übernommen worden und so stellte die neue Oberklasse von BMW eine regelrechte Revolution dar. Wie schon beim Coupé hatte das Design unter der Leitung von Paul Barcq auch hier auf eine strenge Linienführung geachtet, die dem Zeitgeist entsprach. Der neue Siebener war voller Innovationen, denn BMW gab dem Auto spektakuläre Details wie einen Bordcomputer, ABS und ein Auto Check System mit auf den Weg. Da die geplante Zwölfzylinder-Version dem Rotstift und der Ölkrise zum Opfer fiel, konterte BMW das Wettrüsten in der Oberklasse ab 1984 mit dem aufgeladenen Sechszylinder im 745i mit 252 PS.

Produktion	1977–1986
Stückzahl	270.191
Bauart	R6-Zylinder
Steuerung	OHC
Hubraum (l)	2,8–3,5
Leistung (PS)	170–252
bei UPM	5.200
Höchstgeschw. (km/h)	217
Preisspiegel 2015 (in Euro) BMW 735i	
Zustand 1	11.900
Zustand 2	9.800
Zustand 3	4.200
Wertentwicklung	👎

Tipp: Ein später 735i mit Kat und aufwendiger Executive Ausstattung ist auch heute noch ein schöner Reisewagen. Die Turbo-Version ist nur etwas für Schrauber.

17

BMW
8er

Claus Luthe war verantwortlich für das spektakuläre Design des BMW der 8er-Baureihe. Das Auto bot ab 1989 alles Machbare der Autoindustrie und wurde schnell zum Liebhaberobjekt.

Nur wenige Autos können von sich behaupten, auf einer so üppigen Grundfläche wie der des 8er BMW so wenig Raum für seine Passagiere zu bieten. In dem eleganten Coupé finden gerade einmal zwei Personen mit etwas Gepäck Raum, obwohl das Auto immerhin 4,78 Meter lang ist. Doch BMW setzte auf die Eleganz der langen Motorhaube und verlegte die Passagierzelle weit nach hinten, mit entsprechenden Auswirkungen für das Raumangebot. Dafür dürfen sich die Passagiere über das herausragende Motorangebot freuen. Von Beginn an sorgte ein mächtiger 5,0-Liter-V12 aus dem BMW 750 für satte 300 PS. Später kam

▶ Bild links: Als CSi bekam der 8er eine modifizierte Front- und Heckschürze sowie eine serienmäßige Allradlenkung. Besonders auf winkligen Landstraßen wird das Auto damit spürbar agiler.

Bild rechts: Das Interieur des BMW 850i zeichnet sich durch eine hohe Materialgüte aus.

ein bei der M-GmbH entwickelter 5,6-Liter-Treibsatz mit 380 PS im 850 CSi dazu. Damit fuhr der 8er BMW in den Kreis der Supersportwagen. Am unteren Ende der Modellreihe bot BMW zur Absatzsteigerung des etwas zu teuer geratenen Coupés ab 1994 noch einen V8 mit 286 PS an. Dessen Fahrleistungen waren kaum schlechter, seine Unterhaltskosten aber deutlich niedriger als die des Topmodells. Aufwendige DE-Scheinwerfer mit Ausklappmechanismus, ein hochmodernes Cockpit mit Matrix-Anzeigen für den Bordcomputer und eine optionale Allradlenkung untermauerten den Führungsanspruch des großen BMW Coupés. Erst 1998 ging das Auto in Rente und wurde schnell zum Liebhaberobjekt.

Produktion	1989–1997
Stückzahl	850i : 20.072, CSi: 1.510
Bauart	V8, V12-Zylinder
Steuerung	OHC
Hubraum (l)	4,0–5,6
Leistung (PS)	280–380
bei UPM	5.800
Höchstgeschw. (km/h)	235–250
Preisspiegel 2015 (in Euro)	BMW 850i
Zustand 1	28.900
Zustand 2	17.800
Zustand 3	11.500
Wertentwicklung	👍

Tipp: Keine Angst vor dem Zwölfzylinder, denn der Antrieb des Top-BMW ist äußerst robust. Aber auch der V8 hat durchaus seine Reize.

18 BMW E30 iX

In der Mitte der 1980er-Jahre boomte das Allradthema bei den Pkw-Herstellern. Eine Entwicklung, der sich auch BMW nicht verschließen mochte. Der 325iX war der erste Allrad-BMW.

Audi gab in Sachen Antriebstechnik in den 1980er-Jahren den Takt an und schnell war klar: Wer keinen Allradantrieb im Programm hatte, verlor den Anschluss. Bei BMW konterte man ab 1984 mit der Allradversion des BMW 325. Die „iX" getaufte Version des E30 erschien zunächst in der Gestalt einer merkwürdig höher gelegten Limousine, erst später folgte der Kombi. Die optische Unpässlichkeit des Autos ergab sich dadurch, dass BMW den Abtrieb zu den Vorderrädern nachträglich in das Fahrwerk hinein konstruieren musste und das Auto deswegen höher legte. Plastikblenden an den Kotflügeln und Schwellern sollten dieses Manko kaschieren.

▶ Die Bilder täuschen, denn ein richtiges Geländeauto ist ein 3er BMW auch mit Allradantrieb nicht. Allerdings kommt er dank erhöhter Bodenfreiheit deutlich weiter als sein herkömmliches Pendant, auch wenn der iX keinerlei manuelle Differentialsperren besitzt.

Doch der erste Allrad-BMW hatte noch andere Nachteile, denn aufgrund des erheblichen Mehrgewichts geriet der einst so spritzige 3er zum müden Cruiser. Der einzig lieferbare Motor, ein Sechszylinder mit 2,5 Litern Hubraum und 170 PS, war einfach zu schwachbrüstig, um das Auto richtig dynamisch zu machen. Dieser Eindruck verstärkte sich vor allem bei der nochmals trägeren Automatikversion. Gut erhaltene Allrad-BMW der ersten Stunde sind dennoch auf dem aufsteigenden Ast, dokumentieren sie doch einen wesentlichen Meilenstein in der BMW Historie.

Tipp: Speziell der „touring" genannte Kombi ist in der Allradversion bis heute ein prima Alltagsauto mit hohem Wertsteigerungspotential. Viele gibt es aber nicht mehr von ihnen.

Produktion	1984–1993
Stückzahl	k.A.
Bauart	R6-Zylinder
Steuerung	OHC
Hubraum (l)	2,5
Leistung (PS)	171
bei UPM	5.800
Höchstgeschw. (km/h)	218
Preisspiegel 2015 (in Euro)	BMW 325 iX Limousine
Zustand 1	6.900
Zustand 2	4.800
Zustand 3	3.500
Wertentwicklung	

19 BMW E30 Cabriolet

Wenn es einen Begründer der Gattung Arztgattinnen-Cabriolets gibt, dann wäre das wohl die Paraderolle des ersten 3er Cabriolets. Heute ist die offene Version des E30 ein echter Klassiker.

Als BMW die Produktion des 02 Cabriolets irgendwann in den späten 1970er-Jahren sanft entschlummern ließ, herrschte in dem Marktsegment der kompakten Cabriolets lange Zeit ein Vakuum. Erst mit dem 1986 vorgestellten offenen Dreier auf Basis des BMW E30 kam wieder Schwung in das Segment. Zu Beginn lieferte BMW das Auto ausschließlich mit dem bereits aus der Limousine bekannten Sechszylinder mit 2,5 Litern und 171 PS aus. Erst später folgten mit dem 2,0-Liter-Sechszylinder mit 129 PS sowie dem kleinen 1,8-Liter-Vierzylinder (113 PS) weitere Versionen. In jedem Fall erhielt der Käufer mit dem offenen BMW ein bügelfreies Open-Air-Vergnügen, das sich im Falle eines Regenschauers mit wenigen Handgriffen in ein attraktives Coupé verwandeln ließ. BMW machte es dem Fahrer dabei einfach, indem das Verdeck nicht erst umständlich unter einer Persenning hervorgeholt werden musste, sondern in einem Verdeckkasten mit einem festen Deckel auf seinen Einsatz wartete. Später gab es sogar einen elektrischen Antrieb für das Dach. Bis 1993 lief das Dreier Cabriolet nahezu unverändert vom Band. Eine preiswerte Vierzylinder-Version und modische Lifestyle-Pakete begleiteten das Produktionsende des bis zum Schluss sehr beliebten Modells. Nach einem kurzen Werttief am Gebrauchtwagenmarkt ist der offene Dreier heute ein echter Klassiker.

▶ Die frühen BMW E30 Cabriolets tragen noch klassisches Chrom an den Stoßfängern, was nur bei den Shadow-Line-Versionen durch Bauteile in Wagenfarbe ersetzt wurde. Später kamen Stoßfänger aus Plastik sowie modifizierte Rückleuchten.

Produktion	1984–1993
Stückzahl	k.A.
Bauart	R4, R6-Zylinder
Steuerung	OHC
Hubraum (l)	1,8–2,5
Leistung (PS)	171
bei UPM	5.800
Höchstgeschw. (km/h)	218
Preisspiegel 2015 (in Euro)	325i
Zustand 1	13.900
Zustand 2	9.800
Zustand 3	6.500
Wertentwicklung	

Tipp: Der Sechszylinder passt perfekt zu dem Charakter des Autos. Der 320i mit 129 PS genügt dabei völlig. Tiefergelegte Bastelbuden meiden. Die Rarität ist das Modell M-Technik 2 mit Spoilersatz und besonderer Lederausstattung.

20 BMW M3 E30

1985 war das Erscheinungsjahr des wohl erfolgreichsten Sportwagens von BMW. Mit dem M3 auf der Basis des E30 dominierten die Münchner in den nächsten Jahren auf den Rennstrecken.

Breite Backen, reichlich Leistung und wenig Komfort. Das sind die Erkennungsmerkmale des BMW M3. Das ausschließlich zweitürig lieferbare Auto war das Sportgerät von BMW in den Achtzigern. Geplant war das Auto eigentlich nur als Homologationsmodell für die aufkommende Tourenwagenserie (DTM), doch fiel die Nachfrage von Beginn an so überwältigend aus, dass man bei BMW das Auto zu einem normalen Serienmodell machte. Optisch unterschied sich der BMW M3 vor allem durch die verbreiterten Kotflügel und einen kecken Heckspoiler sowie verbreiterte Schweller. Die Heckklappe war zur Gewichtserleichterung dabei aus Kunststoff gefertigt. Unter dem Blech ließ sich BMW ebenfalls nicht lumpen und bot mit einem Vierventil-Zylinderkopf und moderner Einspritzanlage alles, was der

▶ Bild links: Die sportlichen Verbreiterungen des BMW M3 waren anfangs umstritten.

Bild rechts: Heute gehören sie, genau wie der 2,3-Liter-Vierventil-Vierzylinder, zu den typischen Merkmalen des wohl teuersten E 30. Für Italien gab es auch eine 2,0-Liter-Version dieses Aggregats mit 192 PS.

Schnellfahrer von einst liebte. Dass der 2,3 Liter dabei nur ein Vierzylinder war, störte nicht, hatte doch auch der nahezu zeitgleich erscheinende Mercedes 190E 2,3 –16 V nur vier Zylinder. 195 PS schaffte das Aggregat zu Beginn und später steigerte BMW die Leistung auf 238 PS. Freilich nur ein Anfang, denn auf der Rennstrecke gab es deutlich mehr Dampf an der Hinterachse. Keine Kompromisse ging BMW auch bei der fahrerorientierten Auslegung des Autos ein. Überflüssigen Luxus gab es anfangs für dieses Modell nicht zu ordern. Bei den späteren Sondermodellen „Evolution" oder „Cecotto" durfte es dann aber doch etwas mehr Ausstattung sein. Das traf auch für das extrem rare Cabriolet (786 Stück) zu, das auf Wunsch sogar mit einem elektrischen Antrieb für das Verdeck geliefert wurde. Bis Mitte 1991 konnte der offene Sportler geordert werden, während für das Coupé bereits im Herbst 1990 Schluss war.

Produktion	1985–1991
Stückzahl	23.582 zzgl. 786 Cabriolets
Bauart	R4-Zylinder
Steuerung	DOHC
Hubraum (l)	2,3
Leistung (PS)	143
bei UPM	6.750
Höchstgeschw. (km/h)	228
Preisspiegel 2015 (in Euro)	BMW M 3 E30
Zustand 1	55.000
Zustand 2	47.500
Zustand 3	34.200
Wertentwicklung	👍

Tipp: Unfallfrei und ohne Tuningfirlefanz sollte der M3 sein, wenn man sich in ihn verliebt, andernfalls ist die spätere Rendite in Gefahr.

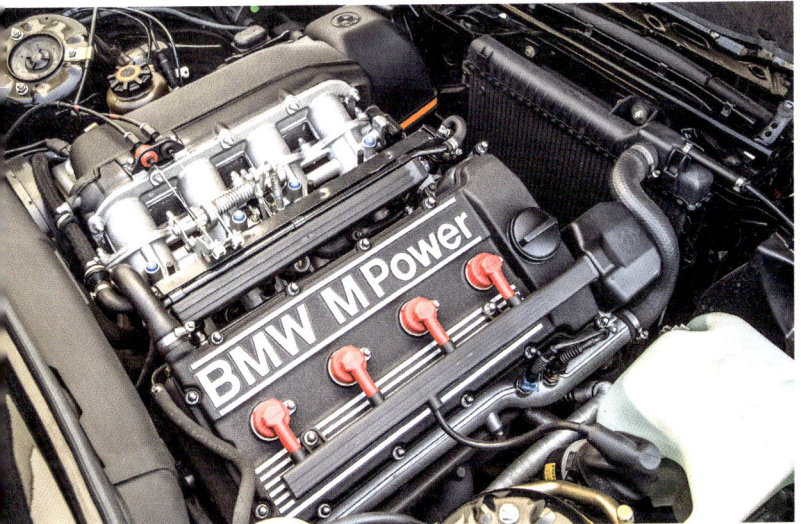

21

BMW M3 GT E36

Wem ein handelsüblicher BMW M3 zu langweilig erschien, dem bot BMW mit dem M3 GT der Baureihe E36 ein besonderes Stück Automobiltechnik an.

Limitierte Modelle renommierter Hersteller haben einen großen Vorteil für die Besitzer: Die Gewissheit einer Wertsteigerung im Alter kauft man quasi mit. Und genau so ist es bei dem nur 356-mal produzierten BMW M3 GT der Baureihe E36. Während das „normale" M3-Modell bis heute bei der Preisentwicklung noch Luft nach oben hat, ist das limitierte GT-Modell bereits auf dem Olymp der Preisentwicklung angekommen. Dabei hatte BMW gar nicht so viele Änderungen zum Serienmodell vorgenommen. Ein modifizierter 3,0-Liter-Motor samt Abgasanlage, einige Änderungen am Fahr-

▶ Bild links: Mehr BMW M3 geht einfach nicht. Der M3 GT der Baureihe E36 war und ist für Fans das verlockendste Angebot. Nur 356 Autos wurden gebaut.

Bild rechts: Charakteristisch für den GT waren die mexicogrüne Lederausstattung sowie die reichliche Verwendung von Carbon-Zierteilen.

werk und eine spezielle Farbkombination reichten aber aus, um das Auto zunächst zum Geheimtipp bei den Fans und später zum echten Liebhaberauto werden zu lassen. Der M3 GT konnte sich vor allem im forcierten Fahrbetrieb deutlich von seinem herkömmlichen Bruder absetzen. Dank einer Gewichtsreduzierung um insgesamt 50 Kilogramm (erzielt u.a. durch Aluminium-Türen) und der Mehrleistung geht das Auto in allen Lebenslagen besser und lässt sich exakter ums Eck lenken. Doch auch die Farbkombination macht Eindruck. Denn der GT war ausschließlich in einem traditionellen „British Racing Green" lackiert. Dazu kam, dass auch seine Ledersitze und der Rest der Innenausstattung in diesem Farbton gehalten waren und zahlreiche Carbon-Zierteile den Serienlook im Interieur ersetzten.

Produktion	1994–1995
Stückzahl	356
Bauart	R6-Zylinder
Steuerung	DOHC
Hubraum (l)	3,0
Leistung (PS)	295
bei UPM	7.100
Höchstgeschw. (km/h)	250
Preisspiegel 2015 (in Euro)	BMW M3 GT
Zustand 1	58.900
Zustand 2	44.800
Zustand 3	33.500
Wertentwicklung	👍

Tipp: Auf Unfallfreiheit und Originalität achten.

22 BMW M 5 E34

Nach dem ersten BMW M5 der Baureihe E28 war es eine Pflicht für die Motorsport GmbH, auch für den 1987 präsentierten E34 5er eine M-Version zu liefern. Und man hielt Wort.

Sportliche Limousine im Understatement-Look. Das war das Erfolgsrezept der ersten M5-Modelle auf Basis des BMW E28. Von außen erkannte nämlich nur der Kenner, dass sich unter der Haube der unscheinbaren Limousine ein Vierventil-Sechszylinder mit immerhin 286 PS befand. Das Rezept wurde von der BMW M GmbH zum Modellwechsel des 5er BMW im Jahr 1987 nahezu unverändert umgesetzt. Auch der zweite BMW M5 war ein unscheinbares Gefährt, das sich aber mit 315 PS aus dem überarbeiteten 3,6-Liter-Sechszylinder auf der linken Autobahnspur zu behaupten vermochte. Nach zwei Jahren schenkte BMW noch etwas Hubraum nach, die Leistung wuchs auf 330 PS und bot den Kunden neben einem Sechsgang-Getriebe auch diverse elektrische Features an. So gab es eine geschwindigkeitsabhängige Servolenkung und ein in der Härte veränderbares Sportfahrwerk (EDC). Und auch an die Familienväter dachte BMW, als man mit dem M5 touring das M-Konzept erstmals auf einen Kombi übertrug. Mit nur geringem Erfolg, denn von dem M5 touring entstanden lediglich 891 Exemplare zu 131.000 DM. Mit Auslaufen der Baureihe E34 wurde auch der M5 erneuert. Allerdings war fortan Schluss mit dem klassischen Sechszylinder, denn der M5 des Typs E39 schöpfte seine Kraft aus einem V8.

▶ Zu Beginn seiner Laufbahn lief der BMW M5 noch mit der schmalen Niere vom Band. Im Rahmen der Modellpflege erweiterte BMW zunächst den Hubraum auf 3,8 Liter und wenig später auch die Breite der Niere.

Produktion	1988–1995
Stückzahl	11.989 (davon 891 touring)
Bauart	R6-Zylinder
Steuerung	DOHC
Hubraum (l)	3,6–3,8
Leistung (PS)	315
bei UPM	6.900
Höchstgeschw. (km/h)	250
Preisspiegel 2015 (in Euro)	BMW M5 3,6l
Zustand 1	20.900
Zustand 2	14.800
Zustand 3	8.500
Wertentwicklung	

Tipp: Jetzt ist Zeit für einen gepflegten M5, denn aktuell ist das Auto immer noch unterbewertet – fragt sich nur, wie lange.

23 BMW M635 CSI E24

Anfangs hatte das Coupé der Baureihe E24 einen schweren Stand. Als Nachfolger der im Rennsport erfolgreichen CS-Modelle wurde der 6er erst mit dem aus dem M1 stammenden Vierventil-Motor akzeptiert.

Mitte der Siebziger hatte die BMW-Kundschaft genug von dem schwülstigen, ja fast schon barocken Design der CS-Modelle. Die Coupés mit ihrer fehlenden B-Säule waren zwar noch immer elegant, strahlten aber eindeutig eher 1950er-Jahre-Chic als 1970er-Progress aus. Dazu kam die umständliche Nomenklatur der alten BMW-Modelle. Die war bereits mit der Einführung des ersten Fünfer-BMW (E12) im Jahr 1972 ein Auslaufmodell. Das neue Coupé, das auf einer verkürzten Bodengruppe des Fünfer basierte, heißt folgerichtig 6er BMW und nur intern taucht noch das Kürzel CS für das Modell auf.

Auch wenn die intern E24 genannte Baureihe ein wenig im Schatten der Konkurrenz stand, war sie in ihrer Klasse doch ein guter Kompromiss: Nicht so

▶ Bild links: Sportliche Verwandtschaft. Der BMW M1 spendierte den Motor für das Spitzenmodell der Baureihe E24. Mit ihm ging es binnen 6,4 Sekunden auf 100 km/h.

Bild rechts: Einstieg in das Elektronikzeitalter. Der Bordcomputer kündet von der neuen Zeit.

nachlässig gebaut wie der Jaguar, dynamisch genug, um auf der Autobahn die Konkurrenz mit Stern auf die Plätze zu verweisen und dabei so geräumig, dass spätestens nach der dritten Kiste Wein im Kofferraum jeder 911er-Fahrer vor Neid erblasste. Vielleicht lag in dieser Allroundeignung auch der Grund für die extrem lange Bauzeit. Von 1976 bis 1989 verkauft BMW insgesamt 86.219 Exemplare des zu Beginn immerhin 43.000 DM teuren Autos. Als Spitzenmodell fungierte dabei ab 1984 das M635 CSi Coupé, was mit dem M-88-Motor aus dem BMW M1 ausgestattet wurde. 286 PS leistete der mit Einzeldrosselklappen ausgerüstete Sechszylinder und schaffte damit den Sprung in die Sparte der Supersportwagen. Zum Lieferumfang gehörten neben dem Antrieb der M-GmbH auch zwei Recaro Sportsitze und mehrteilige BBS Leichtmetallräder.

Produktion	1984–1989
Stückzahl	86.219 (E 24 alle)
Bauart	R6-Zylinder
Steuerung	DOHC
Hubraum (l)	3,5
Leistung (PS)	286
bei UPM	6.500
Höchstgeschw. (km/h)	255
Preisspiegel 2015 (in Euro)	BMW M 6 E24
Zustand 1	65.000
Zustand 2	47.500
Zustand 3	34.200
Wertentwicklung	👍

Tipp: Ein M 635 CSi stellt die Verwirklichung eines (teuren)Traums da. Bevor aus Budgetgründen eine Bastelbude gekauft wird, lieber auf den preiswerteren 635 CSi in gutem Zustand ausweichen. Auch er hat seinen Reiz.

24 BMW Z1

Der BMW Z1 war wohl eines der ungewöhnlichsten Serienautos, die bei BMW jemals entstanden. Als puristischer Roadster verfügt das Modell sogar über versenkbare Türen.

Gedacht war der BMW Z1 eigentlich als Studie. Als ein Fahrzeug, mit dem die BMW M-GmbH zeigen wollte, wie man sich einen echten Roadster so vorstellte. Was dann allerdings kam, übertraf selbst die kühnsten Erwartungen, denn der Zuspruch zu der auf Messen gezeigten Studie war enorm. Die Serienentwicklung war schnell beschlossen, ihre Umsetzung aufgrund der komplexen und innovativen Bauweise schwierig. Denn BMW ging mit der Sandwich-Bauweise des Chassis und den aus Kunststoff bestehenden Vorhangteilen völlig neue Wege. Eine echte Großserienfertigung kam daher nicht in Frage, weshalb das Auto bei Baur in Stuttgart gefertigt wurde. Als Antrieb diente der bewährte 2,5-Liter-Sechszylinder mit 171 PS, der dem Auto allerdings nur mäßige Fahrleistungen verlieh. Dabei hätte der Z1 durchaus mehr Leistung vertragen, war doch seine Straßenlage aufgrund des exzellenten Fahrwerks und der ausgewogenen Achslastverteilung hervorragend. Die teure Produktion und die geringen Stückzahlen forderten auch im Hinblick auf die Preisgestaltung ihren Tribut. Nur wenige Kunden waren am Ende bereit, die 56.000 DM an BMW zu überweisen. 1991 entschlief das Modell nach nur 8.000 Einheiten.

▶ Das Design des BMW Z1 ist bis heute jung geblieben. Ein Zustand, der sich auch für den Besitzer empfiehlt, denn das Einsteigen über den breiten Schweller erfordert eine gewisse Gelenkigkeit. Die Türen versenken sich übrigens elektrisch in den Schweller.

Produktion	1989–1991
Stückzahl	8.000
Bauart	R6-Zylinder
Steuerung	OHC
Hubraum (l)	2,5
Leistung (PS)	171
bei UPM	5.800
Höchstgeschw. (km/h)	225
Preisspiegel 2015 (in Euro)	BMW Z1
Zustand 1	48.900
Zustand 2	34.800
Zustand 3	29.500
Wertentwicklung	

Tipp: Ein später Z1 mit wenigen Kilometern ist im Vergleich zu anderen Raritäten noch immer preiswert. Auf die Funktion der Türen achten. Sie schleifen bisweilen an der Karosserie.

25 Buick Park Avenue

Warum nicht mal über den großen Teich schauen, wenn es um eine geräumige Youngtimer-Limousine geht? Der Buick Park Avenue ist eine solide Investition in den American Way of Drive.

5,23 Meter amerikanisches Stahlblech bewegen sich über die Fahrbahn, wenn man das Gaspedal im Buick Park Avenue betätigt. 5,23 Meter, die mehr sind, als ein Auto. Sie sind vielmehr eine Lebenseinstellung, ein Weg weg von den Normalos, wie dem 7er BMW oder der S-Klasse. Nein, im Buick genießt man nicht nur das Auto, sondern auch das Flair des mobilen Untersatzes. Denn innen wie außen hat der Amerikaner einen komplett anderen Style zu bieten als seine deutschen Konkurrenten. Obwohl, soviel anders ist der Buick auf dem Papier nun auch nicht. Es herrscht die übliche Vollausstattung mit elektrisch verstellbaren Ledersitzen und einer Vielzahl weiterer elektrischer Heinzel-

▶ Der Buick Park Avenue ist ein typischer Vertreter der Straßenkreuzer der 1990er-Jahre. Sein etwas langweiliges Design macht ihn zu einem wenig begehrenswerten Mobil, doch wer erst einmal den Fahrkomfort und die entspannte Art des Reisens in dem Ami entdeckt hat, wird ihn so schnell nicht wieder abgeben wollen.

männchen. Dazu gibt es reichlich Platz und billig wirkendes Plastikholz. In Sachen Technik ist der Buick einfach, aber wirkungsvoll. Ein 3,8-Liter-V6 lässt gemütliche 173 PS auf die GM-Turbo-Hydra-Matic wirken, die wiederum die Vorderräder antreibt. Eine Mischung, die hält – mindestens 300.000 Kilometer, denn die Technik des Amis ist solide. Bei der Karosserie dagegen weniger, denn der Park Avenue rostet, vornehmlich hinter seinen zahlreichen Chromteilen. Ein anderes Vorurteil bedient er dagegen nicht. Denn in Sachen Spritkonsum braucht man kein Erbe der Ewings zu sein. Mit rund 11,0 Litern kommt man gut von A nach B. Das entspannt noch mehr als der ehedem schon ruhige Charakter der Buicks.

Produktion	1990–1996
Stückzahl	410.000
Bauart	V6-Zylinder
Steuerung	OHC
Hubraum (l)	3,8
Leistung (PS)	173–243
bei UPM	5.800
Höchstgeschw. (km/h)	191
Preisspiegel 2015 (in Euro)	
Zustand 1	8.900
Zustand 2	4.800
Zustand 3	3.500
Wertentwicklung	👎

Tipp: Buicks sind preiswert, darum das bestmöglichste Exemplar suchen und für kleines Geld mitnehmen. Denn einen Markt für den Amerikaner gibt es nicht und wird es hierzulande wohl auch nicht mehr geben.

26 *Cadillac Allante*

Mit dem wohl längsten Produktionsweg der Welt konnte der Cadillac Allante aufwarten. Heute ist der Mercedes SL-Konkurrent in Europa fast ausgestorben.

Es gibt Autos, bei denen steckt bereits in der Produktionsplanung der Wurm drin. Der Cadillac Allante ist so ein Fall. Das Auto war von GM als Konkurrent zu dem wenig später erscheinenden Mercedes SL der Baureihe R129 auf den Markt gebracht worden. Amerikanischer Way of Drive, gepaart mit europäischem Design und solider Technik, lautete der Anspruch von Cadillac. Zum Verkaufserfolg sollte vor allem das Design von Pininfarina beitragen und weil man mit den Italienern schon mal telefonierte, entschied man sich auch gleich für den Bau des Autos in Italien. Allerdings mit dem Fehler, das bei Pininfarina nur die Karosserie mit der fertigen Innenausstattung gebaut wurde. Danach wurde

▶ Als ruhiger Cruiser war und ist der Allante eine gute Wahl. Wer allerdings in die Versuchung gerät, mit dem Auto dauerhaft schnell unterwegs zu sein, wird nicht glücklich. Die Qualität der Antriebstechnik ist eher für amerikanische Verhältnisse ausgelegt.

das halbfertige Auto per Luftbrücke zurück nach Amerika zur Komplettierung geflogen. Das Ergebnis war allerdings so schlecht nicht. Der anfänglich nur 177 PS starke V8 bot allerdings nur bescheidene Fahrleistungen, aber der Komfort und die Fahreigenschaften waren durchaus passabel. Hinzu kam jede Menge Elektronik im Innenraum, was vor allem europäische Kunden beeindrucken sollte. Der spätere Einsatz des als North-Star-Motor bekannten 4,1-Liter-V8 mit 32 Ventilen und 290 PS sorgte dann für den gewünschten Leistungsschub an den Vorderrädern. Doch das Bemühen der Amerikaner, mit dem Auto in Europa größere Stückzahlen abzusetzen, schlug fehl. Nach 21.430 Stück wurde die wohl längste Luftbrücke der Welt aufgegeben.

Produktion	1987–1993
Stückzahl	21.430
Bauart	V8-Zylinder
Steuerung	DOHC
Hubraum (l)	2,5
Leistung (PS)	177-290
bei UPM	5.800
Höchstgeschw. (km/h)	k.A.
Preisspiegel 2015 (in Euro)	Allante 177 PS
Zustand 1	15.900
Zustand 2	12.800
Zustand 3	3.500
Wertentwicklung	👎

Tipp: Lassen Sie sich nicht durch die umfangreiche Bordelektronik erschrecken. Sie funktioniert meist ohne Probleme. Und auch der Rest des Allante ist erstaunlich problemlos.

27 Chevrolet Corvette

Das unseriöse Image wird die Corvette von Chevrolet wohl niemals ganz abstreifen können. Dabei war speziell die Corvette C4 ein wirklich guter Sportwagen.

Wer in den 1980er-Jahren als Europäer zur Corvette griff, war in der Regel kein harmloser Versicherungsvertreter. Das Image des wohl amerikanischsten aller Sportwagen war durch den unsachgemäßen Einsatz seiner Vorgänger als bevorzugtes Dienstfahrzeug der Halbwelt bereits dermaßen ruiniert, dass sich wohl kaum ein Kunde eines Porsche 911 jemals mit dem Gedanken an einen Corvette-Kauf trug. Dabei verpasste er in der Tat etwas, denn das als Cabriolet und Coupé lieferbare Modell hatte technisch durchaus das eine oder andere zu bieten und bestach neben seinen Fahrleistungen vor allem immer wieder mit der Leistungsentfaltung seines in verschiedenen Stufen angebotenen V8-Motors. Der durfte in der später (1990) erscheinenden Corvette ZR1 sogar Vierventil-Zylinderköpfe tragen und wurde

▶ Zwei frühe Corvette C4-Modelle. Die späteren Fahrzeuge sind an veränderten Rückleuchten und im Falle der ZR1 an einer verbreiterten Karosserie zu erkennen. Außerdem gab es ein bügelfreies Cabriolet sowie zahlreiche Sondermodelle.

so zu einem durchaus modernen Aggregat. Mit immerhin 450 PS kam die Fiberglaskarosserie des Amerikaners dann auch so richtig auf Touren, was bisweilen zuviel für das Fahrwerk und die Bremsen war. Doch mit dem riesigen Zubehörprogramm war die Aufrüstung kein Problem. Eher machte den Corvette-Eignern da schon die hemdsärmelige Verarbeitung des Autos zu schaffen. Europäische Passungen durfte man jedenfalls nicht erwarten, dennoch war die Corvette im Grunde ihres Chassis ein außergewöhnlich zuverlässiges Auto. Ein Facelift im Jahr 1990 verbesserte die Qualitätsanmutung zwar, dennoch blieb das Auto in Europa ein Außenseiter. Doch das muss die Corvette im Alter ja nicht uninteressant machen, bildet sie doch nach wie vor einen attraktiven Gegenpol zu den etablierten Modellen europäischer Hersteller.

Produktion	1983–1996
Stückzahl	358.180
	(davon 6.939 ZR1)
Bauart	V8-Zylinder
Steuerung	k.A.
Hubraum (l)	5,7
Leistung (PS)	177–411
bei UPM	5.800
Höchstgeschw. (km/h)	k.A.
Preisspiegel 2015 (in Euro)	Corvette C4 Coupé
Zustand 1	24.900
Zustand 2	16.800
Zustand 3	13.500
Wertentwicklung	👍

Tipp: Beim Corvette-Kauf vor allem auf die Karosserie achten. Verborgene Unfallschäden sind an der Tagesordnung. Die Technik gilt als haltbar.

28 *Chrysler Le Baron*

Lange waren bügellose Cabriolets in den USA wegen des hohen Verletzungsrisikos verpönt. Doch gegen Ende der 1980er-Jahre wendete sich das Blatt. Der Le Baron von Chrysler wurde ohne Henkel zum Erfolg.

▶ Das Chrysler Le Baron Cabriolet war vor allem wegen seiner grenzenlosen Offenheit und seines günstigen Preises beliebt. In Europa konkurrierte es mit Modellen wie dem BMW E30 Cabriolet oder dem offenen Saab 900. Für europäische Verhältnisse war die Fahrdynamik des Chrysler bescheiden. Der V6 erwies sich als träge und durstig, die Fahrwerksabstimmung als zu weich. Heute sind kaum noch originale Modelle in gutem Zustand zu finden.

Was das 3er-Cabriolet in den 1980er-Jahren den Deutschen war, war bei den Amerikanern das Cabriolet von Chrysler mit der Bezeichnung Le Baron. Das attraktiv gestylte, viersitzige Vollcabriolet gefiel mit eleganter Linienführung in europäischem Design, einer hübschen Innenausstattung und zeitgemäßen Motoren. Ein Grund, warum das Auto auch hierzulande große Verbreitung fand, denn mit dem 3,0 Liter großen V6 war der Baron ideal als großer Cruiser zum Abfahren der Kö in Düsseldorf geeignet. Sportlicher ging es mit den ebenfalls lieferbaren Turbomotoren zu, die bis 177 PS leisteten. Das elektrisch betätigte Verdeck, eine Klimaanlage und elektrische Fensterheber sorgten für zusätzliches Wohlbefinden der Insassen. Die konnten sich allenfalls über die eher mäßige Verarbeitungsqualität beschweren, die sich vor allem in dem sehr kurzlebigem Verdeck und einer stetig knarzenden Karosserie widerspiegelte. Ein Facelift im Jahr 1993 machte vieles besser, ließ aber auch die ulkigen Klappscheinwerfer verschwinden. Wer dagegen etwas Besonderes suchte, fand den Le Baron als technisch verfeinertes Modell bei Maserati, wo er von 1989–1991 in Handarbeit gefertigt wurde.

Produktion	1986–1995
Stückzahl	567.000
Bauart	R4, V6-Zylinder
Steuerung	DOHC
Hubraum (l)	3,0
Leistung (PS)	98-177
bei UPM	5.200
Höchstgeschw. (km/h)	182
Preisspiegel 2015 (in Euro)	3,0 V6
Zustand 1	4.900
Zustand 2	4.100
Zustand 3	2.200
Wertentwicklung	👎

Tipp: Sichern Sie sich für kleinstes Geld eines der frühen Exemplare mit Klappscheinwerfern und genießen Sie das etwas andere Cabriolet. Der Sechszylinder ist ein Muss.

29 *Citroën CX*

Die Grande Nation bescherte den Automobilisten 1974 den Nachfolger der legendären DS. CX hieß das neue Citroën-Flaggschiff und bot so ziemlich alles, was es bislang noch nicht auf dem Markt gab.

Inmitten der Ölkrise 1974 fuhr Citroën sein neues Modell CX auf. Offiziell nicht als Ersatz der bisherigen DS vorgesehen, war den Fachleuten allerdings schnell klar, dass nach dem Debüt des viel moderneren CX die Tage der „Göttin" gezählt sein dürften. Zunächst nur als Limousine, ab 1975 auch als Kombi lieferbar, war der CX von Beginn an ein Erfolg. Zahlreiche Motoren sorgten dafür, dass jeder „seinen" CX fand, selbst der französische Präsident, der in einer verlängerten Version namens Prestige durch Frankreich fuhr. Genießen konnte er dabei, wie alle anderen CX-Kunden auch, den Komfort der einzigartigen Hy-

▶ Bild links: So elegante Autos baute Citroën einstmals. Ausgefeilte Aerodynamik, gepaart mit technischer Finesse im Detail kennzeichnete die Karosserie des CX.

Bild rechts: Nach dem Facelift verschwanden viele Schrulligkeiten, etwa der berühmte Lupentacho.

dropneumatik, ein Federungssystem, das seine Feuertaufe bereits in der DS erlebt hatte und im CX zu hoher Zuverlässigkeit gereift war. Mit Modellen wie dem GTI und dem Turbo setzte Citroën dem CX später die Krone auf, auch wenn dem Modell ein standesgemäßer V6 ebenso verwehrt blieb wie ein fertig entwickelter Wankelmotor. Ab 1985 gab es die CX-Modelle mit einem Facelift, das unter anderem die Chromstoßstangen und die schrulligen Lupentachos am Armaturenbrett verschwinden ließ. Das Radio blieb jedoch an jener einzigartigen Position eingebaut, die das Auto berühmt machte: quer zwischen den beiden Vordersitzen.

Produktion	1974–1991
Stückzahl	1.170.645
Bauart	R4-Zylinder
Steuerung	OHC
Hubraum (l)	2,0–2,5
Leistung (PS)	66–168
bei UPM	5.500
Höchstgeschw. (km/h)	186
Preisspiegel 2015 (in Euro)	2,4 Prestige Limousine
Zustand 1	14.900
Zustand 2	12.200
Zustand 3	7.700
Wertentwicklung	👍

Tipp: Kenner schielen auf ein Exemplar nach 1981. Der Rostschutz wurde ab diesem Zeitpunkt stark verbessert. Besonders beliebt: GTI und Prestige-Modelle, die aber im Preis deutlich anziehen.

30 Citroën 2CV „Ente"

Nicht nur die Nonnen bei Louis de Funès' Meisterwerk „Louis und seine verrückten Politessen" vertrauten ihre Gesundheit dem 29 PS starken Blechvogel von Citroën an, sondern auch tausende Studenten.

Manchmal sind es die einfachen Sachen, die dem Menschen Freude machen. So auch im Fall der „Ente" von Citroën. Gerade ihre simple Bauart ist es, die die von tausenden Assistenzsystemen umflimmerten Autofahrer von heute wieder auf den Boden der Tatsachen zurückholt. Außer einem Blinker und einem großen Rolldach als wirkungsvolle Klimaanlage hat der 2CV nämlich nichts an Bord, was die Besatzung irgendwie ablenken kann. Vier Sitzplätze gibt es auch noch, und wenn die alle besetzt sind, sorgt die mickrige Leistung des lärmenden Zweizylinder-Boxermotors von maximal 28 PS von ganz alleine für die gewünschte Entschleunigung. Es sei denn, die Ente darf auf einer abschüssigen Straße ihr schunkeliges Fahrwerk in den Ring werfen. Denn dann geht es mit heftiger Seitenneigung bergab, wobei nicht nur Außenstehende sich darüber wundern dürfen, dass die Karosse trotz des Seegangs immer mit dem Fahrgestell verbunden bleibt. Übel nimmt einem der Citroën solche Manöver nicht, denn er ist außergewöhnlich robust. Wer weniger Platz für die Passagiere als vielmehr für Baguette und Wein benötigt, greift zur seltenen Kastenwagen-Ente, edlere Gemüter zur Luxus-Ente Dyane, auf deren Basis es auch das Oben-Ohne-Auto Méhari gibt.

▶ Enten sind in nahezu allen Farben und Zuständen am Markt. Allerdings ist aus dem früheren Studentenauto ein echtes Liebhaberauto geworden, was nicht selten bei Versteigerungen überraschende Preise erzielt. Bisweilen sind in Frankreich noch preiswerte Modelle zu finden.

Produktion	1949–1990
Stückzahl	5.114.966
Bauart	B2-Zylinder
Steuerung	k.A.
Hubraum (l)	0,4–0,8
Leistung (PS)	9–28
bei UPM	5.750
Höchstgeschw. (km/h)	113
Preisspiegel 2015 (in Euro)	2 CV 6 Limousine
Zustand 1	14.900
Zustand 2	9.700
Zustand 3	4.700
Wertentwicklung	

Tipp: Späte Enten sind mitunter noch für „normales" Geld zu finden. Aus der 500 Euro-Ecke sind aber auch sie lange raus. Sondermodelle kosten häufig üppige Aufpreise.

31 DeLorean DMC-12

Der DeLorean DMC-12 ist vermutlich einer der am meisten fotografierten Youngtimer. Seine spektakulären Flügeltüren und seine Edelstahlkarosse machen das Coupé auch heute noch begehrenswert.

Mit seiner schillernden, polierten Edelstahloberfläche ist der DeLorean auch 34 Jahre nach seiner Produktionseinstellung ein faszinierendes Auto. Denn trotz zahlreicher Konstruktionsmängel, trotz eines völlig überforderten Motors und trotz seiner verkorksten Kindheit hat das Modell die Aura eines Supersportwagens. Dabei sah es für das Projekt des ehemaligen GM-Managers John DeLorean erst so hoffnungsvoll aus. Giugiaro war für das Design, die britische Regierung für die Finanzierung und Renault für den Motor verantwortlich. Doch Zeitdruck bei der Entwicklung und zunehmende Finanzknappheit seitens der

▶ **Bild links:** Zahlreiche Klappen kennzeichnen das Mittelmotorcoupé. Doch Vorsicht: Wenn die Dämpfer der schweren Türen verschlissen sind, besteht Gefahr für Leib und Leben.

Bild rechts: Billiges Plastik und Leder kennzeichnen den Innenraum, dessen Verarbeitung eher mäßig ist.

Investoren machten dem Projekt zu schaffen, sodass erste Serienfahrzeuge sich in einem schlechten Qualitätsstandard präsentierten. Hinzu kamen die enttäuschenden Testberichte der Presse, die dem 1,3-Tonnen-Auto wegen der 132 PS nur die Fahrleistungen eines Mittelklasseautos bescheinigten. Da nutzte es auch nichts, das Firmengründer DeLorean die Nachhaltigkeit und die Sicherheit seines Autos in den Vordergrund schob. Allerdings ist bei all dieser Mittelmäßigkeit der DMC-12 heute, nicht zuletzt wegen seiner Filmrolle in „Zurück in die Zukunft", wo er als Zeitmaschine eine der Hauptrollen bekleidete, ein gesuchter Youngtimer, dessen Erscheinen immer noch für ungläubiges Staunen sorgt.

Produktion	1981–1982
Stückzahl	8.583
Bauart	V6-Zylinder
Steuerung	OHC
Hubraum (l)	2,8
Leistung (PS)	132
bei UPM	5.500
Höchstgeschw. (km/h)	198
Preisspiegel 2015 (in Euro)	DMC-12
Zustand 1	45.000
Zustand 2	34.000
Zustand 3	24.000
Wertentwicklung	

Tipp: Niemals einen lackierten DeLorean kaufen. Alle Autos waren aus rostfreiem Edelstahl und unlackiert.

32 *Ferrari Mondial*

Der Nachfolger des Ferrari 208 GT4 ist bis jetzt noch nicht im Ferrari-Himmel angekommen. Der Mondial ist daher noch ein Traumwagen zum Schnäppchenpreis!

Ihre Frau will einen praktischen Klassiker, Sie aber einen Ferrari? Kein Problem, nehmen Sie einen Mondial. Denn mit dem als Coupé und Cabriolet erhältlichen 2+2-Sitzer sind sowohl die praktischen als auch die Genussaspekte erfüllt. Das ab 1980 erhältliche Modell zeichnet sich vor allem durch seine elegante Linie aus, die vom Hausdesigner Pininfarina entworfen wurde. Die extrem flache Front mit den beiden Klappscheinwerfern war nur deshalb möglich, weil Ferrari sich für ein Mittelmotorkonzept entschied, bei dem der Achtzylinder zunächst quer und später längs zur Fahrtrichtung hinter den Passagieren saß. Mit anfangs nur 214 PS war der Mondial kein Überflieger, erst im weiteren Verlauf seiner Karriere machten ein Vierventil-Zylinderkopf und eine Hubraumerweiterung auf am Ende 3,4 Liter aus dem Auto einen echten Sportwagen. 300 PS standen am Ende in den Fahrzeugpapieren eines Mondial t, genug, um mit Boliden, wie dem Porsche 911 mithalten zu können. Heute gehört der Mondial zu den wenigen unentdeckten Diamanten im Ferrari-Programm, sodass mit einem Wertzuwachs in den nächsten Jahren zu rechnen ist. Doch Vorsicht: es drohen bei Billigheimern teure Mängel.

▶ **Bild oben:** Als Cabriolet präsentiert sich der Ferrari in seiner ganzen Schönheit. Da fällt das Leistungsmanko der ersten Modelle kaum ins Gewicht.

Bild unten: Das Coupé hat auch seine Reize, muss aber im direkten Umfeld der Konkurrenten mangels Leistung oftmals hintenanstehen.

Produktion	1980–1993
Stückzahl	8.583
Bauart	V8-Zylinder
Steuerung	DOHC
Hubraum (l)	3,0–3,4
Leistung (PS)	295
bei UPM	7.200
Höchstgeschw. (km/h)	255
Preisspiegel 2015 (in Euro)	Mondial t-Coupé
Zustand 1	45.000
Zustand 2	31.500
Zustand 3	22.500
Wertentwicklung	

Tipp: Frühe Mondial sind eher Stand- als Fahrzeug, da viele technische Mängel drohen. Die letzten Versionen mit 295 PS sind alltagstauglich und haben sogar einen Katalysator.

33 Ferrari Testarossa

Dass ein Ferrari nicht immer rot lackiert sein musste, machte zu Beginn der 1980er-Jahre der Testarossa von Sonny Crockett deutlich. Schneeweiß ging es durch Florida und in ein neues Zeitalter.

1984 hielt die Welt den Atem an. Doch nicht etwa, weil Apple den ersten Macintosh auf den Markt brachte, sondern weil Ferrari in Paris den Nachfolger des 512 BB enthüllte. Mit einer ultraflachen Front und bis dato noch nie gesehenen Lufteinlässen an den Flanken rief dieser Ferrari das ungläubige Staunen der Autowelt hervor. Hausdesigner Pininfarina hatte aber noch mehr Rippen zu bieten, denn auch am Heck sorgen zahllose verrippte Kühlöffnungen dafür, dass es dem Treibsatz unter der Heckklappe nicht zu heiß wurde. Das Aggregat ist dann die nächste Sensation, denn der mächtige V 12 mit fast 5,0 Litern Hubraum und 390 PS machte aus dem Testarossa erst einen Supersportwagen. In nur 5,8 Sekunden katapultierte er seine Insassen auf 100 km/h und am Ende war bei 290 km/h Schluss mit dem Vortrieb – und das 1984! Wenig später war das Auto für jedermann zu haben – im Wohnzimmer auf der Mattscheibe, wo der Star aus Miami Vice munter mit dem Boliden auf Ganovenjagd ging. In der echten Welt erzielte der Testarossa dagegen Spekulationstraumpreise. Ganze sieben Jahre währte der Hype, dann kehrte Ruhe in den Handel mit dem Boliden ein und erst in den letzten Jahren ziehen die Preise wieder an.

▶ Bild oben: Bis 1991 lief der Testarossa unverändert vom Band. Danach sorgte eine modifizierte Frontschürze für mehr Ähnlichkeiten zu dem preiswerteren Ferrari 348 tb.

Bild unten: Faszination Zwölfzylinder. Wer den Boliden startet, erlebt, dass der Testarossa im Leerlauf säuselt, statt zu Fauchen. Das übernimmt bei Wartungsarbeiten dann der Besitzer: Der Zahnriemenwechsel liegt bei 3.000 Euro.

Produktion	1984–1996
Stückzahl	7.249
Bauart	V12-Zylinder
Steuerung	DOHC
Hubraum (l)	4,9
Leistung (PS)	390
bei UPM	6.300
Höchstgeschw. (km/h)	290
Preisspiegel 2015 (in Euro)	Ferrari Testarossa
Zustand 1	103.000
Zustand 2	86.500
Zustand 3	71.500
Wertentwicklung	👍

Tipp: Wenn es für einen echten Testarossa nicht reicht, sehen Sie sich nach einem Replikat um. Die gibt es häufig für einen Bruchteil des Preises. Meiden Sie Standuhren, denn die kommen einen häufig teurer zu stehen.

34 *Ford Escort Cabriolet*

Erst in seiner dritten Generation durfte der Escort von Ford sein Dach ablegen. Mit Boris Becker als Testimonial wurde aus dem Auto zeitweise sogar so etwas wie ein In-Gefährt.

Davon träumt Ford vermutlich heute noch. Ein Ford, der die Begierde der jugendlichen Zielgruppe lockt und diese zum Träumen anregt. Seit dem Capri hatte es bei Ford so etwas nicht mehr gegeben und nun, mit dem Escort Cabriolet, war es endlich wieder soweit. Einen Ford zu fahren war plötzlich wieder in – ein Hauch von Lifestyle wehte über die sonst so triste Marke. Grund dafür war, dass Ford den jungen Boris Becker als Werbegesicht für das Cabriolet verpflichtete, was dem Verkauf Flügel verlieh. Doch auch ohne den Promibonus war der Ford eine Erwähnung wert, denn das bei Karmann im Werk Rheine gefertigte Modell erfreute seine Besitzer mit hoher Alltagstauglichkeit, Sparsamkeit und Zuverlässigkeit. Im

▶ Ganz in Weiß. Bei Ford schlugen die 1980er-Jahre voll durch und verzauberten die Autos in wahre Stilikonen. Später kamen für das Escort Cabriolet noch zarte rosa Töne ins Sortiment. Gerade in diesen Farben ist das Auto ein schriller Zeitzeuge.

Bug werkelten die biederen Großserienaggregate der Limousine, im Innenraum fanden bis zu vier Leute Platz und einen brauchbaren Kofferraum gab es auch noch. Dazu erwies sich das Auto als wetterfest, denn das gegen Aufpreis elektrisch betriebene Stoffverdeck bot auch im Winter genug Schutz gegen die Unbilden des Wetters. Nach einem Facelift im Jahr 1986 wurde das Escort Cabriolet optisch erwachsener und erhielt einen Katalysator, was es bis heute für Einsteiger in das Hobby interessant macht. Nur mehr Leistung gab es für den Beau nicht. Es blieb meist bei 102 PS – genug für die Fahrt zum See und zur nächsten Dorfdisco.

Produktion	1983–1990
Stückzahl	k.A.
Bauart	R4-Zylinder
Steuerung	OHC
Hubraum (l)	1,1–1,6
Leistung (PS)	102
bei UPM	6.000
Höchstgeschw. (km/h)	187
Preisspiegel 2015 (in Euro)	Escort XR3i Cabriolet
Zustand 1	4.000
Zustand 2	3.500
Zustand 3	1.500
Wertentwicklung	👍

Tipp: Der Escort eignet sich hervorragend als Daily Driver. Er braucht wenig Pflege und macht viel Spaß. Dazu ist er preiswert. Ein Klassiker wird er aber vermutlich nie.

35 Ford Sierra XR4i

Der Sierra läutete bei Ford eine neue Ära ein. Ab 1982 war endlich Schluss mit dem biederen „Taunus-Look". Den futuristischen Kölner gab es dann ein Jahr später auch mit dem V6-Motor, als XR4i.

Mondauto, das war die boshafte Bezeichnung für den Ford, der ab 1982 das Image der Kölner nachhaltig ändern sollte. Denn statt wie der Vorgänger Taunus mit dem Lineal gezeichnet, folgte der Sierra dem Diktat des Windkanals. Uwe Bahnsen hatte als Designer sein gesamtes Können in die Neugestaltung der Ford Mittelklasselimousine gelegt und nebenbei sogar einen cW-Wert von nur 0,32 erreicht. Bei so viel Progressivität war es allerdings schade, dass es im Sierra zunächst nur die biederen Vierzylinder-Motoren des Vormodells gab. Erst mit dem sportlichen XR4i zog ein brauchbarer Antrieb in den Sierra ein. 150 PS aus einem 2,8-Liter-V6 und ein riesiger Doppelflügel am Heck machten das Auto zur Konkurrenz für BMW 323i und Co. Ein modifiziertes Fahrwerk und eine Aufwertung des Innenraums rundeten das Sportpaket für den Sierra ab. Mit Erfolg, denn der Ford Sierra im Sportlerdress war preiswerter und schneller als die etablierten Modelle. Dazu kam, dass der Ford technisch nahezu unverwüstlich war. Denn viele Komponenten unter dem Blech waren seit langem im großen Baukasten erprobt worden. Zwei Jahre nach seinem Debüt folgte sogar eine Allradversion des Sierra XR4i, mit der sich auch Audi konfrontiert sah, war der Ford doch etliche Tausender günstiger als der vergleichbare Audi 90 quattro.

▶ Bild oben: Das Design des Sierra war zumindest zeitgemäß. Als XR4i gab es die Limousine allerdings nur mit zwei Türen und großer Heckklappe.

Bild unten: Im Innenraum genügten damals ein Sportlenkrad und zwei Recarositze, um die Kunden in Verzückung zu versetzen.

Tipp: Bleiben Sie beim einfachen XR4i, denn die begehrenswerten Cosworth-Modelle sind inzwischen unverhältnismäßig teuer geworden. Die Allradversion ist selten und meist teuer.

Produktion	1983–1985
Stückzahl	29.400
Bauart	V6-Zylinder
Steuerung	OHC
Hubraum (l)	2,8
Leistung (PS)	150
bei UPM	5.700
Höchstgeschw. (km/h)	209
Preisspiegel 2015 (in Euro)	Sierra XR4i
Zustand 1	k.A.
Zustand 2	4.500
Zustand 3	2.500
Wertentwicklung	👎

36 *Honda S2000*

Zum 50-jährigen Firmenjubiläum gönnte sich Honda ein ganz besonderes Highlight. Mit dem S2000 entstand ein sportlicher Roadster, der in direkter Nachfolge der 1960er-Jahre-Ikone Honda S800 entsprach.

Fast zehn Jahre währte die Produktion von Hondas sportlichem Roadster S2000. Ab 1999 war das Auto angetreten, die Botschaft von Honda in die Welt zu tragen, die da hieß, als der weltgrößte Motorenhersteller eben auch die besten Motoren zu bauen. Und der Antrieb des S2000 war denn auch ein Paradebeispiel für höchste Ingenieurskunst im Saugmotorenbau. Das 2,0-Liter-Vierzylinder-Aggregat machte sich vor allem mit seiner hohen Leistung von 241 PS einen Namen. Erreicht wurde dies durch ein Hochdrehzahlkonzept, bei dem maximale Drehzahlen von 9.000 U/min vorgesehen waren. Ein Bereich, der für serienmäßige Saugmotoren in der Automobilbranche eher unüblich war.

▶ Der Honda S2000 punktet nicht nur mit seinem Äußeren. Auch seine Talente auf dem Rundkurs sind legendär, sodass viele Kunden der Versuchung nicht widerstehen konnten, das Auto auch entsprechend sportlich zu bewegen. Spannungsrisse an der Karosse können somit die Folge sein.

Die Verwendung von Kolben mit einer Molybdändisulfid-Beschichtung sowie zahlreiche in Handarbeit optimierte Bauteile sichern trotz dieser hohen mechanischen Belastung eine lange Lebensdauer zu. Neben seinem Motor bot der S2000 aber noch andere Reize. So sorgten seine extrem verwindungssteife Karosserie und sein präzises und direkt abgestimmtes Fahrwerk mit vier einzeln aufgehängten Rädern bei jüngeren Fahrern für ein Dauergrinsen, bei Älteren für Schäden an der Bandscheibe. Der Nachteil des Honda, neben dieser extrem kompromisslosen Auslegung für den Fahrspaß, bestand auch in der geringen Praxistauglichkeit. Als Zweisitzer konzipiert, bot das Auto kaum Kofferraum und Komfort.

Produktion	1999–2009
Stückzahl	ca. 119.400
Bauart	R4-Zylinder
Steuerung	DOHC
Hubraum (l)	2,0
Leistung (PS)	241
bei UPM	8.300
Höchstgeschw. (km/h)	240
Preisspiegel 2015 (in Euro)	Honda S 2000
Zustand 1	k.A.
Zustand 2	21.500
Zustand 3	12.500
Wertentwicklung	👎

Tipp: Wenn Sie noch Platz in der Garage für ein Spielzeug haben, sichern Sie sich den Honda jetzt. Billiger wird die Ikone des weltweit größten Motorenherstellers nie mehr.

37 Jaguar XJ 220

Mit dem Jaguar XJ 220 zielte der Hersteller auf Supersportwagen wie den Ferrari F40 oder den Porsche 959. Doch so recht zündete das Auto nicht; nur 283 Stück konnten verkauft werden.

Ausgangspunkt für die Entwicklung des XJ 220 war das Le Mans-Gewinnerauto von 1988. Der XJR-9 bot Allradantrieb und einen mächtigen 6,2-Liter-Zwölfzylinder, was als Studie und auf der Rennstrecke zwar für Eindruck sorgte, auf der Straße aber nicht realisiert werden sollte. Vielmehr entwickelte man das Projekt für den straßentauglichen XJ 220 komplett neu. Als Antrieb diente ein deutlich kleinerer V6-Biturbomotor mit nur noch 3,5 Litern Hubraum und auch der Allradantrieb wurde nicht beibehalten. Dennoch war das Auto bei seinem Debüt im Frühjahr 1992 eine Sensation, denn trotz der Abspeckkur erreichte es die als Ziel angepeilte Höchstgeschwindigkeit

▶ Der ultraflache Jaguar XJ 220 fasziniert nach wie vor mit seiner Formensprache. Fahren kann man das Renngerät im Alltag jedoch kaum, zumal die meisten Fahrzeuge seit Jahren unbewegt in Autosammlungen stehen.

von über 340 km/h. Doch weder Sitzposition noch Fahrkomfort mochten die Kunden so recht überzeugen. Das Auto war zwar optisch ein Hingucker, doch letztlich blieb es dabei, zumal sich auch die Faszination des Antriebs in Grenzen hielt. Der 550 PS starke V6 klang eben nicht wie ein wummernder V12 und versprühte eher den Charme eines aufgeladenen Serienmotors denn den eines exklusiven Supercars für den Neupreis von einer Million Mark. 350 Fahrzeuge wollte Jaguar verkaufen, doch die ersten Verträge, basierend auf der Annahme, einen V12-Motor geliefert zu bekommen, wurden bereits kurz nach dem Serienanlauf storniert und so blieb es bei lediglich 283 Fahrzeugen, die allerdings inzwischen Traumpreise erreichen.

Produktion	1992–1994
Stückzahl	283
Bauart	V6-Zylinder
Steuerung	DOHC
Hubraum (l)	3,5
Leistung (PS)	550
bei UPM	7.000
Höchstgeschw. (km/h)	340
Preisspiegel 2015 (in Euro)	Jaguar XJ 220
Zustand 1	255.000
Zustand 2	189.500
Zustand 3	k.A.
Wertentwicklung	

Tipp: Sollten Sie einen XJ 220 besitzen, stellen Sie ihn ins beleuchtete Wohnzimmer und erfreuen sich an der Optik. Den Kauf verschieben Sie besser in ein späteres Leben.

38 *Jaguar XJ-S*

Als Nachfolger der legendären E-Type konnte sich der Jaguar XJ-S nie wirklich etablieren. Dennoch ist das große Coupé inzwischen ein angesehener Klassiker.

Der US-Markt war der Treiber für ein besonders komfortables Coupé bei Jaguar. Nach dem Auslaufen des E-Type mussten sich die Briten komplett neu aufstellen, schließlich wollte man die betuchte US-Kundschaft nicht verprellen. Heraus kam ein elegant geformtes Coupé, das als Basis die um 25 Zentimeter verkürzte Plattform der Limousine nutzte. Mit einer Länge von 4,77 Metern und einem Radstand von knapp 2,60 Metern war das 1975 erstmals präsentierte Auto aber eher Luxusgleiter als potenter Sportwagen. Seinen Konkurrenten hatte er neben der avantgardistischen Linienführung vor allem den monumentalen V12-Motor voraus. Mit 5,3 Litern Hubraum und anfangs 287 PS lagen die Fahrleistungen deutlich

▶ Besonders die Linienführung machte den Jaguar XJ-S schon zu Lebzeiten zu einer Ausnahmeerscheinung. Technisch war das Auto ebenso extravagant, was manchmal die Geduld der Eigentümer erheblich strapazierte. Heute sind besonders die Katalysatorversionen als Daily Driver zu empfehlen.

Produktion	1975–1996
Stückzahl	k.A.
Bauart	R6, V12-Zylinder
Steuerung	OHC
Hubraum (l)	3,6–6,0
Leistung (PS)	275
bei UPM	5.250
Höchstgeschw. (km/h)	232
Preisspiegel 2015 (in Euro)	Jaguar XJ-S
Zustand 1	k.A.
Zustand 2	18.300
Zustand 3	12.900
Wertentwicklung	

über denen der Konkurrenz – leider auch der Verbrauch, was, in Kombination mit dem hohen Preis des XJ-S, selbst den Premiumkunden irgendwann zuviel wurde. Dem Einbrechen der Verkaufszahlen begegnete Jaguar mit einem Facelift im Jahr 1980. Drei Jahre später kam eine abgespeckte Sechszylindervariante hinzu. Als moderner Vierventiler leistete das Aggregat immerhin 221 PS und beschleunigte den XJ-S 3.6 auf satte 225 km/h. Hinzu kam ein „Fast"-Cabriolet, was mit festen Seitenscheibenrahmen und einer faltbaren Heckscheibe eher an den seligen Triumph Stag denn an ein High-End-Luxuscabrio erinnerte. Die Kunden verschmähten das XJ-S Convertible getaufte Auto. Regelmäßige Modellpflege ließ das große Jaguar-Coupé noch bis zum April 1996 im Programm überleben, dann verschwand es aus den Preislisten.

Tipp: Frühe Modelle gibt es kaum, daher Zugreifen, wenn ein solcher Klassiker günstig angeboten wird. Das Auto kommt.

39 *Jaguar XJ Serie III*

Produktion	1979–1992
Stückzahl	404.243
Bauart	R6, V12-Zylinder
Steuerung	OHC
Hubraum (l)	3,4–5,3
Leistung (PS)	295
bei UPM	5.000
Höchstgeschw. (km/h)	223
Preisspiegel 2015 (in Euro)	Jaguar XJ 12 H.E. Serie
Zustand 1	17.000
Zustand 2	13.500
Zustand 3	8.500
Wertentwicklung	👍

Eine Jaguar-Limousine der dritten Serie adelt ihren Besitzer zum echten Liebhaber klassischer Automobile und dokumentiert gleichzeitig dessen Bereitschaft, für sein Mobil auch einiges an negativen Erfahrungen einstecken zu können. In Sachen Fahrdynamik und Komfort jedenfalls gab es nichts zu meckern. Egal, ob der herrliche Reihensechszylinder oder der V12-Motor im Bug montiert waren, stets glitt der Jaguar mit der ihm angeborenen Souveränität durch die Lande. Ein aufwendiges Fahrwerk und der stilsicher eingerichtete Innenraum sorgten bei der Besatzung für zusätzliches Wohlbefinden, insbesondere dann, wenn es sich um die optionale Luxusversion von Daimler handelte. Der Nachfolger XJ 40 wurde nicht als Zwölfzylinder angeboten.

Tipp: Gut erhaltene Jaguar XJ werden langsam teurer. Einen Zwölfzylinder sollte man sich aber trotzdem nicht antun. Die laufenden Kosten sprengen jeden Rahmen.

40 *Jeep Cherokee XJ*

Mit gerade einmal 4,20 Meter Außenlänge überraschte der Cherokee von Jeep 1984 die Käufer. Die waren bis dato von amerikanischen Herstellern eher größere Fahrzeuge gewohnt. Doch genau das wollte der Jeep ja auch gar nicht sein, denn er darf als Begründer des SUV-Segments gelten. Als Motor für das gefällig gestylte Auto diente zunächst ein bei GM ausgemusterter 2,8-Liter-V6. Das eher schwächliche Aggregat wurde allerdings wenig später durch einen 4,0-Liter-Sechszylinder ersetzt, der robust und mit 185 PS ausreichend leistungsstark war. Einen wenig haltbaren Dieselmotor des italienischen Herstellers VM (115 PS) lehnten die Kunden ebenso ab wie den eher schwächlichen 2,5-Liter-Vierzylinder mit 105 PS.

Produktion	1984–1996
Stückzahl	k.A.
Bauart	R4, R6, V6-Zylinder
Steuerung	OHC
Hubraum (l)	2,5–4,0
Leistung (PS)	185
bei UPM	4.600
Höchstgeschw. (km/h)	180
Preisspiegel 2015 (in Euro)	Cherokee
Zustand 1	k.A.
Zustand 2	8,300
Zustand 3	3.500
Wertentwicklung	

Tipp. Der erste Cherokee ist ein schönes Zeugnis für den Beginn einer neuen Ära im Automobilbau. Jetzt sichern, allerdings nur in der 4,0-Liter-Version, denn mit ihr lässt sich herrlich cruisen.

41 Lamborghini Diablo

Unter der Herrschaft von Chrysler lief elf Jahre lang der Lamborghini Diablo vom Band. Mit bis zu 337 km/h eines der schnellsten Serienautos überhaupt.

War der Lamborghini Countach Siebzigerjahre pur, so verkörperte der Diablo die Neunziger. Das 4,46 Meter lange, ultraflache Coupé war angetreten, der Marke Lamborghini neuen Schwung zu verleihen, nachdem das Modellprogramm doch schon stark angestaubt daherkam. Intern als Projekt P 132 bezeichnet, setzte der Diablo die Ära der Fahrzeuge mit einer Gitterrohrrahmen-Konstruktion fort. Im Heck arbeitete der überholte und mit einer Einspritzanlage ausgestattete Zwölfzylinder. Mit 5,7 Litern war er deutlich üppiger dimensioniert als der

▶ Die Taschen sollten gut gefüllt sein, will man sich Lear Jet und/oder Lambo leisten, denn die Unterhaltskosten des Italieners sind astronomisch und vergleichbar mit denen eines Flugzeugs. Dass man sich mit dem Lambo allerdings auch jede Menge Spaß erkauft, wird schon beim Einsteigen durch die Wing doors klar.

des Countach und mit 492 PS auch stärker als sein Vorgänger. Dazu gab es ab 1993 einen Allradantrieb (VT) und für einige Sondermodelle einen in der Leistung angehobenen V12. Der hatte dann immerhin 550 PS und wurde nur noch übertroffen von den speziellen „Jota"-Modellen, deren Kennzeichen die beiden Lufteinlässe auf dem Dach waren. Diese Versionen hatten knapp 600 PS. Das Wettrüsten gipfelte kurz vor dem Serienende, als Lamborghini den Motor auf 6,0 Liter aufbohrte und im Diablo GT1 655 PS anbot. Damit waren Geschwindigkeiten von 360 km/h möglich. 2001 wurde der Supersportwagen eingestellt und von dem Modell Murciélago beerbt.

Produktion	1990–2001
Stückzahl	2.903
Bauart	V12- Zylinder
Steuerung	OHC
Hubraum (l)	5,7– 6,0
Leistung (PS)	520
bei UPM	7.100
Höchstgeschw. (km/h)	333
Preisspiegel 2015 (in Euro)	Diablo SV
Zustand 1	k.A.
Zustand 2	182,300
Zustand 3	153.500
Wertentwicklung	

Tipp: Egal für welchen Diablo man sich interessiert, zum Fahren ist er fast zu schade. Wenn doch, sollte die Autobahn frei sein.

42 *Lancia Delta integrale*

Wer etwas mit breiten Backen und Rallyeerfolgen unter der Haube sucht, greift in der Regel zum Audi quattro. Doch auch der Lancia Delta integrale kann mit derlei Eigenschaften aufwarten.

Wer hätte das gedacht? Aus dem biederen Lancia Delta, der 1979 das Licht der Welt erblickte, entstand gegen Ende der 1980er-Jahre der Delta HF integrale. Optisch hatte der allerdings eher weniger mit dem Urmodell zu tun. Breite Backen über die üppigen Breitreifen, zahlreiche Lufteinlässe und natürlich ein aufgewerteter Innenraum mit sportlichen Recaro-Sitzen und einer schönen Sammlung an Rundinstrumenten rundeten das Angebot ab. Grundsätzlich verfügt der Delta integrale über einen Allradantrieb und einen Vierzylinder-Turbomotor. Diesen optimierte Lancia im Laufe der Bauzeit mehrmals. Von anfangs 185 PS bis zu 211 PS bei der Version EVO 16 V mit Katalysator reichte die Bandbreite.

▶ Schon optisch macht der Lancia integrale klar, wohin die Reise geht. Entweder in die französischen Seealpen oder auf irgendeine andere Passrennstrecke – Hauptsache schön enge Kurven und kurze Geraden. Denn das kann der Lancia am besten. Viel Spaß.

Die Höchstleistung war und ist aber nicht das faszinierende am Delta, sondern dessen Wendigkeit und Beschleunigung, die sich dank der Abgasturboaufladung mit einem interessanten Geräuschteppich vollzieht. Dazu Traktion in allen Lebenslagen und das unsichtbare Flair des ewigen Rallyemeisters. Dass man im Delta etwas sonderbar sitzt, die Qualität etwas anrüchig ist und die Teileversorgung verbesserungsbedürftig ist, stört zwar, schmälert aber den Genuss am Delta integrale nur wenig. Und spätestens wenn der Italiener knisternd auf der Passhöhe vor einem steht, sind solche Nebensächlichkeiten sowieso vergessen.

Produktion	1988–1996
Stückzahl	35.855
	(alle Versionen)
Bauart	R4-Zylinder
Steuerung	DOHC
Hubraum (l)	2,0
Leistung (PS)	200
bei UPM	5.750
Höchstgeschw. (km/h)	220
Preisspiegel 2015 (in Euro)	Integrale 16V
Zustand 1	k.A.
Zustand 2	24.300
Zustand 3	15.500
Wertentwicklung	

Tipp: Einen Delta integrale zu kaufen, verlangt Fachkenntnisse. Daher ist es am besten, sich mit den entsprechenden Clubs bekannt zu machen. Die kennen die Schwachstellen des schnellen Italieners und manchmal gibt es den integrale auch aus Clubkameradenhand zu kaufen.

43 *Lancia Thema*

Große Limousinen aus Italien hatten es hierzulande schon immer schwer. Dass der Lancia Thema dennoch in Deutschland zu einem Erfolg wurde, lag nicht zuletzt an der Version mit dem Ferrari V8.

Ein jedes Modell braucht ein Zugpferd, wenn es die übrige Modelllinie nicht schafft, die Kunden mit Begeisterung in die Verkaufsräume zu locken. Und auch wenn, wie im Falle des Lancia Thema 8.32, das Topmodell nur für die wenigsten erschwinglich blieb, ein wenig von seinem Glanz fiel auch auf die 2,0-Liter-Modelle ab. Ab 1984 gab es den Thema zunächst als Stufenhecklimousine zu kaufen. Das Auto bildete den Gegenpol zu 5er BMW und Mercedes W 124 und war in seinen Qualitäten diesen Modellen durchaus ebenbürtig. Das Raumangebot war gut, die Motorenpalette bunt und selbst in Sachen Verarbeitung hatte Lancia aufgeholt. Dazu trumpfte man bei Lancia mit reichlich Ausstattung auf, die es so bei der

▶ Platz ist beim Lancia Thema Kombi wahrlich kein Thema, eher schon das Thema Rost. Viele Autos starben den Tod des verbrauchten Handwerkerkombis, sodass die Suche nach einem brauchbaren Exemplar dauern kann. Doch es lohnt sich, denn der Kombi ist einfach schick. Sportliche Fahrer wählen den 8.32.

Konkurrenz nur gegen saftige Mehrpreise gab. Der 8.32 mit dem V8 aus dem Ferrari 328 brachte zwei Jahre nach dem Debüt der Baureihe den Glamour in die Serie. Ein von Pininfarina gezeichneter Kombi ergänzte das Modellprogramm im gleichen Jahr und ab 1988 rollte die Baureihe mit neuem Gesicht von den Fließbändern. 1992 ersetzte gar ein neuer 3,0-Liter-V6-Motor aus dem Hause Alfa Romeo den uralten 2,8-Liter-„Europa V6". Damit erhielt der Verkauf des großen Lancia noch einmal neue Impulse. Es war der letzte große Erfolg für die Italiener und als 1995 die Thema-Produktion eingestellt wurde, war Lancia mit dem Kappa getauften Nachfolger schon auf die falsche Spur abgebogen.

Produktion	1984–1995
Stückzahl	ca. 351.000 (alle Versionen)
Bauart	R4, V6, V8-Zylinder
Steuerung	DOHC
Hubraum (l)	2,9
Leistung (PS)	215
bei UPM	6.750
Höchstgeschw. (km/h)	237
Preisspiegel 2015 (in Euro)	Lancia 8.32
Zustand 1	k.A.
Zustand 2	13.300
Zustand 3	9.500
Wertentwicklung	👎

Tipp: Ein 8.32 mag angesichts der Dumpingpreise verlockend sein, doch er ist aufgrund der horrenden Wartungs- und Teilekosten nichts für Einsteiger. Der Kombi ist ein Geheimtipp, denn es muss nicht immer ein Mercedes T-Modell sein.

44

Lexus
LS 400

Darf's ein bisschen mehr sein? Eine Limousine in Vollausstattung mit einem großen V8 dazu. Das alles und noch viel mehr bietet der Lexus LS 400 für derzeit noch kleines Geld.

Seit 1990 gibt es den Lexus LS 400 auf dem deutschen Markt. Als Pendant zu Mercedes S-Klasse oder BMW Siebener war das Auto hierzulande zunächst wenig erfolgreich, was vor allem am fehlenden Markenimage lag. Über die Jahre sprach sich allerdings herum, was in Amerika schon lange die Spatzen von den Dächern pfiffen: Der Lexus war leise, leistungsstark und zuverlässig. Weder der eigens für dieses Modell aus der Taufe gehobene 4,0-Liter-Leichtmetall-V8-Motor mit seinen 245 PS noch der Rest der Technik droht, im Alter mit irgendwelchen Unpässlichkeiten dem Käufer Kopfschmerzen zu bereiten. Der kann sich

▶ Der Lexus ist zwar optisch eher unscheinbar, macht seinem Besitzer aber viel Freude. Geht jedoch etwas kaputt, wird es teuer, denn in Wartungs- und Ersatzteilpreisen zieht der alte Japaner mit seinen deutschen Konkurrenten nahezu gleich.

Produktion	1989–2000
Stückzahl	k.A.
Bauart	V8-Zylinder
Steuerung	DOHC
Hubraum (l)	4,0
Leistung (PS)	245
bei UPM	5.400
Höchstgeschw. (km/h)	250
Preisspiegel 2015 (in Euro)	Lexus LS 400 1.Gen
Zustand 1	k.A.
Zustand 2	7.300
Zustand 3	4.500
Wertentwicklung	👊

voll und ganz dem Genuss der serienmäßigen Vollausstattung hingeben, denn im Lexus der ersten Stunde gab es keine Extras. Alles, von der Lederausstattung bis zu elektrischer Sitzverstellung, war serienmäßig an Bord. Und damit diese Features in Ruhe genossen werden konnten, machte Lexus-Mutter Toyota das Auto im Innenraum besonders leise. Bis 1994 bauten sie den LS 400 unverändert, dann gab es ein dezentes Facelift sowie rund 20 PS mehr Leistung. Erst zur Jahrtausendwende löste ein komplett neuer Nachfolger das erste Modell ab. Heute ist der LS 400 der Geheimtipp unter den Luxuslimousinen. Mit einem Nachteil: Servicestellen muss man mit der Lupe suchen und die Ersatzteile sind teuer.

Tipp: Hierzulande sind Lexus-Modelle mit wenigen Kilometern gar nicht mal so selten. Ruhig auf Opas Garagen-Schnäppchen hoffen.

45 *Mazda MX-5 (NA)*

Pures Offenfahren. Das verspricht der Mazda MX-5 der ersten Generation. Der kleine Roadster verzichtet auf jeglichen Schnickschnack und glänzt mit großer Haltbarkeit.

Eine der wohl billigsten Möglichkeiten, an ein grenzenloses Offenfahrgefühl zu kommen, ist der Mazda MX-5 der Baureihe NA. Das kleine Auto kam 1989 auf den Markt und wurde hierzulande zunächst nur über die verworrenen Wege des Grauimportes verkauft. Doch Mazda reagierte auf die steigende Nachfrage und hob das Modell in das europäische Programm. Als Erbe des legendären Lotus Elan machte sich der MX-5 schnell den Namen eines extremen Fahrspaß bietenden Roadsters, der im Alltag das Budget nicht mit allzu großen Ansprüchen an die Fahrzeugpflege belastet. Zutaten für das Fahrvergnügen sind neben dem knackigen Fahr-

▶ Bild links: Der MX-5 wurde zunächst nur in wenigen Farben nach Deutschland importiert. Attraktiv gestylte Sondermodelle, wie etwa das Fotomodell in British Racing Green, kamen erst später.

Bild rechts: Das rustikale Antriebssystem ist das Geheimnis für den Fahrspaß im MX-5.

werk und der exakten Lenkung vor allem die harmonische Motor-Getriebe-Kombination. Zwar hat der MX-5 mit nur 115 PS nicht gerade Leistung im Überfluss, doch angesichts eines Leergewichts von nur 955 Kilogramm und der spielerisch schnell zu wechselnden Gänge in der Fünfgang-Schaltbox geht es immer flott vorwärts. Genauso flott übrigens wie der Vorgang des Öffnens. Denn weder eine lahme Hydraulik noch eine aufwendige Verdeckkonstruktion sorgen für Verzögerung, wenn es darum geht, die ersten Sonnenstrahlen zu erhaschen. Im MX-5 reicht es, die beiden Spannhaken zu lösen und das Dach nach hinten zu werfen. Aktuell sind die NA-Modelle der ersten Generation noch preiswert, werden aber bald anziehen.

Produktion	1989–1994
Stückzahl	433.963
Bauart	R4-Zylinder
Steuerung	DOHC
Hubraum (l)	1,6
Leistung (PS)	115
bei UPM	6.500
Höchstgeschw. (km/h)	195
Preisspiegel 2015 (in Euro)	Mazda MX-5 (NA)
Zustand 1	k.A.
Zustand 2	6.500
Zustand 3	3.000
Wertentwicklung	

Tipp: Vor dem nächsten Sommer unbedingt noch auf die ToDo-Liste setzen: MX-5 shoppen, denn gute Autos steigen im Wert. Vorsicht vor umgebauten Re-Importen aus den USA.

46 *Mazda RX-7*

Fast ein Porsche 924 – könnte man denken, denn der Mazda RX-7 ist dem Zuffenhausener wie aus dem Gesicht geschnitten. Der Wankelmotor unterscheidet den Japaner aber dann doch vom Vorbild.

Wer sich ab 1986 in Deutschland für einen Mazda RX-7 begeisterte, tat dies nicht, weil er sich keinen Porsche leisten konnte. Denn der Japaner war zu dieser Zeit ähnlich teuer wie sein formales Vorbild aus Stuttgart. Vielmehr dürfte für die Kunden des Coupés die Technik kaufentscheidend gewesen sein. Der Mazda verfügte, wie bereits sein Vorgänger, über einen Zweischeiben-Wankelmotor. Das turbinenartige Hochdrehen und die damit einhergehende völlig gleichmäßige Leistungsabgabe stehen auf der Habenseite dieses Antriebs, hoher Öl- und Benzinverbrauch auf der Sollseite. Mazda hatte zwar durch

▶ Das nüchterne Design des RX-7 täuscht, denn das japanische Coupé hatte es technisch faustdick unter der Haube. Insbesondere die aufgeladene Version des Wankelmotors macht viel Fahrspaß.

eine Vielzahl technischer Änderungen die Standfestigkeit des Wankels deutlich optimiert, dennoch blieben Nachteile. In Sachen Leistung konnte der RX-7 dagegen mit den Konkurrenten mithalten. War die Saugerversion mit 150 PS noch recht zahm, kam der Motor in der aufgeladenen „turbo"-Version auf 200 PS und spielte damit in der Liga des Audi quattro. Und auch in Sachen Fahrwerk gab sich der Mazda modern. Wenn er auch keinen Allradantrieb hatte, so sorgte eine mitlenkende Hinterachse doch für eine gute Handlichkeit und eine hohe Fahrstabilität des bis zu 240 km/h schnellen Coupés. Für Freunde ungezügelten Sonnengenusses bot Mazda sogar ein Cabriolet an.

Produktion	1985–1991
Stückzahl	k.A.
Bauart	Zweischeiben Wankel
Steuerung	k.A.
Hubraum (l)	1,3
Leistung (PS)	150
bei UPM	k.A.
Höchstgeschw. (km/h)	210
Preisspiegel 2015 (in Euro)	Mazda RX-7
Zustand 1	k.A.
Zustand 2	8.500
Zustand 3	4.800
Wertentwicklung	

Tipp: Der RX-7 ist einer der wenigen Japan–Klassiker, bei denen sich die Preisschraube hierzulande nach oben dreht. Doch noch ist die Gelegenheit günstig.

47 *Mercedes W 124 500 E*

Ein Taxi der besonderen Art stellt der 500 E von Mercedes dar. In die unscheinbare Karosserie eines W 124 implantierte man bei Porsche einen V8-Motor aus der S-Klasse. Nur so, zum Spaß.

Wie verpackt man 326 PS so unscheinbar, dass selbst der autobegeisterte Nachbar Mühe hat, das morgendliche Abfahrgeräusch dem unscheinbaren Mercedes zuzuordnen? Richtig, indem man den V8-Motor aus dem Mercedes SL in die (häufig) dunkel lackierte Schachtel eines Mercedes W 124 steckt. Gesagt, getan, und ab 1990 gab es dieses Paket ganz offiziell zu erwerben, bei der Mercedes-Benz-Niederlassung Ihres Vertrauens. Gebaut wurde das unscheinbare Kraftpaket bei Porsche, wo auch der Großteil der Entwicklung durchgeführt wurde. Die Schwaben waren zu diesem Zeit-

▶ Bild links: Auch Mercedes unterstützte Porsche in seinen schwersten Stunden mit dem Bau von Sonderfahrzeugen. Der 500 E entstand in Zuffenhausen.

Bild rechts: Im Innenraum glich der 500 E weitestgehend dem W 124 von Lieschen Müller. Ledersitze waren aber immer an Bord.

punkt etwas knapp bei Kasse und freuten sich nicht nur deshalb über den Auftrag aus der Nachbarschaft. Doch auch die Abstimmungsfahrten dürften kurzweilig gewesen sein. Der V8 drehte nämlich nahezu sportwagenmäßig hoch, lief dabei sämig weich und verlieh der W-124-Limousine Fahrleistungen, die dem des eigenen Topmodells recht nahe kamen. Binnen sechs Sekunden fiel die 100-km/h-Marke und erst bei 250 km/h war Schluss. Dank der Vierstufenautomatik und einer aufwendigen

Produktion	1990–1995
Stückzahl	10.479
Bauart	V8-Zylinder
Steuerung	DOHC
Hubraum (l)	5,0
Leistung (PS)	326
bei UPM	5.700
Höchstgeschw. (km/h)	250
Preisspiegel 2015 (in Euro)	Mercedes 500 E
Zustand 1	k.A.
Zustand 2	26.500
Zustand 3	18.000
Wertentwicklung	

Mehrlenkerhinterachse konnte der Fahrer aber selbst bei vollem Leistungseinsatz cool bleiben. Nur nicht bei der Neuwagenrechnung. Die betrug 1990 immerhin 134.520 DM.

Tipp: Träumen ist erlaubt, denn gute 500 E sind bereits richtig teuer. Weichen Sie aus, auf den noch selteneren 400 E.

48 Mercedes W 124 Coupé

Das Mercedes Mittelklasse-Coupé stand lange Zeit im Schatten der S-Klasse-Coupés. Nun bekommt es bei Liebhabern langsam einen Stellenwert. Zeit, sich dem Auto zu widmen.

Es ist dieses Gefühl der guten Stube. Nach dem Schließen der massiven Türen hört man – richtig, nichts. Dann der erste Dreh im Zündschloss und ein unsichtbarer Diener reicht einem den Gurt. Das macht er seit über zwanzig Jahren, denn auch, als das Mercedes W 124 Coupé 1987 erstmals vom Band lief, war der elektrische Gurtbringer mit an Bord. Technisch war dies allerdings so ziemlich die einzige Besonderheit, denn alles andere basierte auf der Basis der soliden W-124-Limousine. Speziell als Sechszylinder-Modell war das kein Fehler. Mit seinen 220 PS aus

▶ Aufgrund des hohen Grundpreises war die Ausstattung der Basismodelle sehr reduziert. Sogar Radkappen mochte Mercedes den Coupé-Kunden antun. Eine Strategie, die aufging, denn viele Autos liefen mit zahlreichen Extras vom Band.

dem anfangs nicht ganz unproblematischen 24-Ventiler wurde aus dem Auto zwar kein Rennwagen, doch für die zügige Ausfahrt langte es allemal. Dabei war es immer die Kultiviertheit, mit der der Reihensechszylinder vor allem in Verbindung mit der sanft schaltenden Automatik seine Insassen verwöhnte und sie eigentlich auch kaum zum Rasen einlud. Ab 1993 firmierte das Coupé, wie auch das restliche Mercedes Pkw-Programm, um. Das Auto hieß künftig etwas umständlich E-Klasse Coupé.

Produktion	1987–1996
Stückzahl	141.498
Bauart	R4, R6-Zylinder
Steuerung	OHC, DOHC
Hubraum (l)	3,0
Leistung (PS)	180
bei UPM	5.700
Höchstgeschw. (km/h)	220
Preisspiegel 2015 (in Euro)	Mercedes 300 CE
Zustand 1	k.A.
Zustand 2	8.500
Zustand 3	4.800
Wertentwicklung	👍

Der Inhalt blieb aber stets derselbe, weswegen es auch ein frühes Exemplar dieses Modells tut.

Tipp: Die Coupés sind Spätzünder. Frühe 300 CE in Trendfarben der 1990er gehen noch für kleines Geld weg. Meiden Sie Modelle mit Schaltgetriebe.

49 Mercedes W 126 Coupé

Für Mercedes Chefdesigner Bruno Sacco war es die Vollendung seines Schaffens. Das S-Klasse-Coupé der Baureihe 126 strahlt auch im Alter noch solide Souveränität aus.

▶ Bild links: Zu Beginn seiner Bauzeit kam das SEC Coupé noch mit den Fuchs-Felgen des Vormodells zum Kunden. Später wurden sie durch glattflächige Räder ersetzt.

Bild rechts: Leder war nicht Serie, aber kuscheliges Velours kann auch sehr angenehm sein – und preiswerter.

Am W 126 Coupé gibt es keinen Zweifel. So, genau so muss ein großes Luxus-Coupé aussehen. Gestreckte Linie, fehlende B-Säule und von einer so unspektakulären Unaufdringlichkeit, wie sie vermutlich nur von den ganz großen der Designerzunft entworfen werden kann. In diesem Fall von Bruno Sacco, und der Altmeister ist bis heute zu Recht stolz auf sein erstmals 1981 präsentiertes Werk. Das von der S-Klasse W 126 abgeleitete Coupé war von Beginn an der Grand Seigneur unter den Luxus-Coupés. Dazu passten auch die Antriebsaggregate, denn die Sechszylinder aus der Limousine mutete Mercedes der erlesenen Coupé-Kundschaft erst gar nicht zu. Mit den bulligen V8-Aggregaten, die bis 300 PS an die Hinterachse lieferten, ging es stattdessen zügig an die Côte d'Azur. Platz war auf der Reise genug, denn schließlich bot das Coupé, neben einem üppigen Kofferraum, auch im Innenraum genug Bewegungsfreiheit für vier. Bis 1991 lief das Auto nahezu unverändert in Design und Technik von den Bändern, zum Schluss sogar als 5,6-Liter-Modell. Viele von Ihnen haben überlebt – mitunter sogar in dunklen Tiefgaragen an der Côte d'Azur.

Produktion	1981–1992
Stückzahl	74.060
Bauart	V8-Zylinder
Steuerung	OHC
Hubraum (l)	5,6
Leistung (PS)	272
bei UPM	5.000
Höchstgeschw. (km/h)	238
Preisspiegel 2015 (in Euro)	Mercedes 560 SEC
Zustand 1	k.A.
Zustand 2	18.500
Zustand 3	12.800
Wertentwicklung	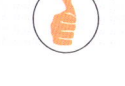

Tipp: Wenn Coupé, dann richtig. Sparen Sie sich die kleineren V8-Modelle und gehen Sie mit 500 und 560 SEC aufs Ganze.

50 Mercedes W 140 Coupé

Von vielen als „unschön" empfunden, reift das S-Klasse-Coupé der Modellreihe W 140 langsam zum Klassiker. Wer es je fuhr, möchte nicht mehr aussteigen.

Hätte König Ludwig ein Auto gehabt, es wäre ein S-Klasse-Coupé gewesen. So könnte man kurz und knapp den Charakter des optisch durchaus umstrittenen Modells beschreiben, denn das wuchtige Coupé auf den anfangs viel zu kleinen Rädern bietet genau die Mischung aus Opulenz und Dekadenz, die sich auch ein König gewünscht hätte. Dabei hat das Auto echte Qualitäten. Von der hervorragenden Laufkultur und Durchzugskraft seiner V8- bzw. V12-Motoren angefangen über die einmalig langstreckentauglichen Sitze bis hin zu dem Gefühl unerschütterlicher Solidität nach dem Schließen der Türen. Technisch interessante Details machen das Auto auch attraktiv für Autofreaks. So bietet das W 140 Coupé einen der ersten Xenon-Scheinwerfer, konnte bereits 1996 mit einem Navigationssystem bestellt werden und unterstützte den Fahrer mit Nettigkeiten wie einer Zuziehhilfe für den Heckdeckel oder ausfahrbaren Peilstäben zum leichteren Einparken des Fünf-Meter-Automobils. Dass solch ein Luxus nicht ohne Folgen auf der Waage blieb, leuchtet ein. Rund zwei Tonnen Leergewicht machen deutlich, wieviel Qualität in einem S-Klasse-Coupé steckt.

▶ Bild oben: Auch wenn das Design des W 140 Coupé lange Zeit umstritten war, stellt das Auto speziell nach dem Facelift ein schönes Statussymbol da.

Bild unten: Wohl dem, der hier Reisen darf. Im 140 Coupé herrscht ein Höchstmaß an Komfort und Sicherheit.

Produktion	1994–1998
Stückzahl	26.022
Bauart	V8, V12-Zylinder
Steuerung	DOHC
Hubraum (l)	4,2
Leistung (PS)	279
bei UPM	5.700
Höchstgeschw. (km/h)	250
Preisspiegel 2015 (in Euro)	Mercedes-Benz CL 420
Zustand 1	10.500
Zustand 2	7.500
Zustand 3	4.300
Wertentwicklung	👍

Tipp: Der V12-Motor ist zwar die Krönung des Modellprogramms, aber eher schwierig für Sammler, da er lange Standzeiten nicht mag. Die V8-Modelle sind daher die erste Wahl, will man nicht sein gesamtes Taschengeld opfern.

51 Mercedes G-Modell

Produktion	1979–2015
Stückzahl	k.A.
Bauart	R4, R5, R6, V8-Zylinder
Steuerung	OHC, DOHC
Hubraum (l)	2,8
Leistung (PS)	156
bei UPM	5.250
Höchstgeschw. (km/h)	158
Preisspiegel 2015 (in Euro)	Mercedes 280 GE
Zustand 1	25.500
Zustand 2	15.500
Zustand 3	9.300
Wertentwicklung	👍

Ausgesprochen militärisch war der Anspruch an das G-Modell von Mercedes-Benz, denn es ging zurück auf die Anforderungen des iranischen Militärs. Ab 1979 lief dann die Produktion im österreichischen Graz unter dem Gemeinschaftslabel Steyr-Daimler-Puch. Zu Beginn war der G nur spärlich motorisiert. Maximal 156 PS lieferte der 2,8-Liter-Benziner, während Dieselfreunde sich mit dem 88 PS starken Fünfzylinder begnügen mussten. Doch immer neue Varianten und Produktüberarbeitungen sorgten für großes Interesse der Kunden. Ein automatisches Getriebe, die mehrfach renovierte Kabine und stärkere Motoren lassen das Modell auch zunehmend für Privatleute attraktiv erscheinen. Krönung der frühen Baureihen ist der 1991 eingeführte 500 GE.

Tipp: Zum täglichen Fahren eignen sich die moderneren Modelle ab 1992 besser.

Mercedes SL R 129

Bei der Erneuerung des Roadsters R 107 blieb vom Vormodell nahezu nichts übrig. Die Karosserie zeigte aerodynamische Moderne. Dazu kamen Komfort und Sicherheitsdetails wie ein vollautomatisches Verdeck und ein im Notfall automatisch herausschnellender Überrollbügel. Gurtintegralsitze sorgten für zusätzliche Sicherheit. Damit das insgesamt deutlich schwerer gewordene Auto sich auch standesgemäß bewegte, setzte Mercedes neue Motoren ein. Lediglich der Basismotor wurde aus dem Vormodell übernommen. Krönung des Programms war der wenig später eingeführte V12-Motor mit 394 PS aus der S-Klasse, der das Cabrio in den Bereich der Sportwagen katapultierte.

Produktion	1989–2001
Stückzahl	20.940
Bauart	R6, V6, V8, V12-Zylinder
Steuerung	OHC, DOHC
Hubraum (l)	2,8
Leistung (PS)	190–394
bei UPM	5.700
Höchstgeschw. (km/h)	228
Preisspiegel 2015 (in Euro)	Mercedes-Benz 300 SL
Zustand 1	16.500
Zustand 2	13.500
Zustand 3	9.300
Wertentwicklung	👍

Tipp: Jetzt ist Zeit für einen SL. Der Roadster ist in diesen Tagen preiswert wie nie.

53 Mercedes W 140

Dass die S-Klasse-Limousine der Neunziger keinen unbegrenzten Beifall seitens des Publikums bekam, irritierte Mercedes nur wenig. Mit den Jahren legte der Absatz des Modells vor allem im Ausland deutlich zu.

Unbestritten, bei Mercedes hatten sie sich das Echo auf „Das beste Auto der Welt" etwas anders vorgestellt. Mickrige Zuladung, nicht kompatibel mit den gängigen Autozügen und wenig sozialverträglich. So lautete die vernichtende Kritik beim Erscheinen der S-Klasse des Typs W 140 im Jahr 1991. Über das Gemecker, übrigens meistens von Leuten, die als Käufer schon aus rein praktischen Gesichtspunkten nicht in Frage kamen, geriet die sensationelle Technik des Modells ins Hintertreffen. So bot die S-Klasse erstmals eine Doppelverglasung, eine Kennzeichnung aller Kunststoffe für das spätere Recycling und eine mit einem CAN-Bus vernetzte Bordelektronik. Aber auch in Sachen Antrieb setzte die neue S-Klasse Maßstäbe, denn die alte V8-Generation wurde durch neue Aggregate mit Vierventil-Zylinderköpfen abgelöst. Dazu kam erstmals in Deutschland ein Sechszylinder-Turbodieselmotor, der besonders Langstreckenfahrer ansprechen sollte. Und als Krönung des Programms legte Mercedes noch einen mächtigen 6,0-Liter-V12 nach. Dessen 408 PS reichten, um den Anspruch auf das beste Auto der Welt mit Nachdruck zu bestätigen.

▶ **Die neue Linie im Hause Mercedes war vielen dann doch zu groß. Dabei fühlt man sich bis heute in dem aufwendig verarbeitetem Innenraum bestens aufgehoben. Mit der zweiten Serie verschwanden allerdings viele Schrulligkeiten, weswegen Modelle bis 1985 im Fokus stehen.**

Produktion	1991–1998
Stückzahl	432.741
Bauart	R6, V8, V12-Zylinder
Steuerung	DOHC
Hubraum (l)	5,0
Leistung (PS)	326–408
bei UPM	5.700
Höchstgeschw. (km/h)	250
Preisspiegel 2015 (in Euro)	Mercedes 500 SEL
Zustand 1	k.A.
Zustand 2	8.500
Zustand 3	3.300
Wertentwicklung	

Tipp: S-Klassen der Baureihe W 140 erleben gerade ihr Werttief. Doch nicht zu lange warten, denn die ersten V8-Modelle beginnen schon im Wert anzuziehen. Noch ist die Auswahl aber groß.

54 Mercedes W 201

Mercedes für den kleinen Mann. So titelten viele Autozeitungen, als der 190er auf den Markt kam. Heute ist der Baby-Benz ein Klassiker.

Was haben die Kritiker nicht alles mit ihm aufziehen sehen? Den Niedergang der Marke, den Verrat der Idee des guten Sterns auf allen Straßen und vieles mehr. Doch als 1982 die ersten Mercedes 190 (interne Bezeichnung W 201) auf die Straßen rollten, war das alles Schnee von gestern. Er war der erste Mercedes, der endlich auch einmal jüngere Kunden ansprach, bot er doch durch die revolutionäre Mehrlenkerhinterachse und durch die reduzierten Außenmaße die Dynamik und Leichtigkeit, die man bislang nur von Modellen des Konkurrenten BMW gewohnt war. Zu Beginn gab es zwar nur einen schwächlichen 90-

▶ **Die kleine Familie von nebenan.** Mit den 190er Modellen begab sich Mercedes erstmals auf das Gebiet der Mittelklasse. Mit Erfolg, denn der 190er war ein echter Verkaufsschlager. Das Spitzenmodell mit Vierventilkopf dagegen nicht so sehr. Der Renn-Benz war vielen zu teuer.

PS-Vergasermotor und den 122 PS starken Einspritzer, doch Modelle wie der sportliche 2.3-16 V oder der luxuriöse 2,6-Liter-Sechszylinder machten das Modell zum Liebling der Yuppies. Nahezu unverändert baute Mercedes den 190er bis 1993. Kein Kombi, kein Cabriolet, obwohl die Konkurrenten diese Modelle anboten. Bei Mercedes konnte man darauf bauen, dass die überragende Qualität die Kunden bis zuletzt zum Kauf animierte. Am Ende halfen drei Sondermodelle (Azzuro, Rosso und Verde), den Verkauf noch einmal anzukurbeln. Sie zählen heute zu den raren Sammlerstücken.

Produktion	1982–1993
Stückzahl	mehr als 1,8 Millionen
Bauart	R4, R6- Zylinder
Steuerung	OHC, DOHC
Hubraum (l)	2,6
Leistung (PS)	160
bei UPM	5.800
Höchstgeschw. (km/h)	207
Preisspiegel 2015 (in Euro)	Mercedes-Benz 190 E 2.6l
Zustand 1	10.500
Zustand 2	7.500
Zustand 3	4.300
Wertentwicklung	👍

Tipp: Ein 190 2.6 ist ideal für den Liebhaber. Er bietet die DNA der Marke, komprimiert in einem Modell und belastet das Budget nicht übermäßig. Besser ein Automatikmodell suchen, denn die Schaltung ist hakelig.

55   MG F (TF)

Ab 1996 war der Roadster F von MG in Deutschland erhältlich. Der kleine Zweisitzer entpuppte sich als einer der wenigen Verkaufsschlager der siechenden britischen Autoindustrie.

Gestartet als rein britisches MG-Modell konnte der kleine Roadster während seiner Bauzeit auf ein bewegtes Leben zurückblicken. Im Jahr 2000 verkaufte Neueigentümer BMW die Marke MG und scherte sich fortan nicht mehr um das Schicksal des MG F. Somit blieb es bei den beiden Motorvarianten mit 115 und 160 PS und auch die Modellpflege blieb ein wenig auf der Strecke. Erst 2002 kam es zu einer nennenswerten Überarbeitung, in deren Folge das anfangs verbaute Hydragas-Federungssystem, das dem des Mini entsprach, durch eine konventionelle

▶ Auch heute noch begeistert der offene MG mit seiner schnittigen Form und seinen Fahreigenschaften. Dazu steht der Roadster in einer Linie mit den Klassikern der untergegangenen Marke, weshalb das Auto ein guter Tipp für Anleger ist. Den Fahrspaß gibt es gratis dazu.

Federung mit Schraubenfedern ersetzt wurde. Hinzu kam ein neuer Motor mit 160 PS. Maßnahmen, die die Attraktivität des Mittelmotorsportlers, der inzwischen in TF umgetauft worden war, am Leben hielten. In Großbritannien war das Auto über Jahre in seinem Segment Marktführer, während es hierzulande, nicht zuletzt wegen der unklaren Werkstattfrage, immer nur eine Außenseiterrolle hatte. Sein attraktives Äußeres und seine sportlichen Fahreigenschaften konnten aber auch in Deutschland eine kleine Käufergemeinde begeistern und allmählich zeichnet sich eine gesunde Fanbasis für den 2002 eingestellten Engländer ab.

Produktion	1995–2005
Stückzahl	k.A.
Bauart	R4- Zylinder
Steuerung	DOHC
Hubraum (l)	1,6–1,8
Leistung (PS)	160
bei UPM	6.900
Höchstgeschw. (km/h)	220
Preisspiegel 2015 (in Euro)	MG F 135
Zustand 1	5.900
Zustand 2	3.300
Zustand 3	2.900
Wertentwicklung	

Tipp: Prüfen Sie rechtzeitig, ob es in der Nähe eine fähige Werkstatt für den kleinen Engländer gibt. Oder lernen Sie selbst schrauben.

56   *MG ZT 260+*

Für besonders eilige Familienväter mit einem besonderen Geschmack war der MG ZT 260+ gedacht. Das Auto gab es in geringer Stückzahl sogar mit dem V8-Motor des Ford Mustang.

▶ Die sportliche Version des Rover 75, der ZT 260+ mit dem 4,6-Liter-V8-Motor des Ford Mustang, musste von Frontantrieb auf Heckantrieb umgestellt werden und wurde größtenteils vom Motorsport- und Ingenieurbüro Prodrive konstruiert. Die 4,6-Liter-Version gilt als echtes Understatement-Auto. Der sichtbare Unterschied zwischen dem 260er und anderen ZT sind die vierfachen Auspuffrohre.

Einen Audi S-Kombi hat jeder, genauso wie ein T-Modell mit AMG-Label. Nein, wer wirklich etwas Spezielles im Sektor der sportlichen Mittelklasseautos sucht, greift zum MG ZT 260+. Das Auto war ursprünglich als biederer Rover 75 unter BMW-Ägide geboren, wurde aber nach der Trennung von BMW im Jahr 2001 von MG entwickelt und verkauft. Neben den einfacheren Versionen mit Vier- und Sechszylinder-Motoren machte vor allem die Version mit dem vom Ford Mustang entnommenen V8-Motor von sich reden. 4,6 Liter

Hubraum und 260 PS waren allerdings zuviel für den bisherigen Frontantrieb, und so konstruierte man das Auto schließlich um und ließ das stärkste Modell als Hecktriebler die Straßen unsicher machen. An dem Auto war indes nicht nur der Antrieb neu, denn als Folge der Mehrleistung änderte man auch das Bremssystem und verpasste dem MG 325 mm große Bremsscheiben an der Vorderachse. Innen gab es schwarzes Leder und elektrische Sitze ebenso serienmäßig wie ein Navigationssystem. Für

Produktion	2001–2005
Stückzahl	k.A.
Bauart	R4, V6, V8-Zylinder
Steuerung	DOHC
Hubraum (l)	1,6–4,6
Leistung (PS)	260
bei UPM	5.000
Höchstgeschw. (km/h)	250
Preisspiegel 2015 (in Euro)	MG ZT 260+
Zustand 1	k.A.
Zustand 2	13.300
Zustand 3	9.900
Wertentwicklung	👎

weniger dynamische Familienväter bot MG die ZT-Modelle der Baureihe 75 noch mit 115 und 131 PS sowie mit einem BMW-Dieselmotor und einem 190 PS starken V6 an.

Tipp: Eigentlich kann man das Interesse auf die V8-Version des MG ZT beschränken, denn nur sie wird jemals irgendeine Bedeutung am Oldiemarkt haben.

57 Mini Cooper

Viel ist schon über den klassischen Mini geschrieben worden, doch meist wurde das späte Modell ausgeklammert. Dabei ist er eine gute Möglichkeit, einen modernen Klassiker zu fahren.

Seit 1959 der Mini erstmals vorgestellt wurde, hatte jede Jugend ihre eigene „Mini-Generation" für sich entdeckt. War in den Siebzigern der knuddelige Engländer ein bevorzugtes Auto für junge Damen, so entwickelte sich das Auto in den 1990ern zum „Must have" der betuchten Ehefrau aus den Vororten. Ab 1990 erhielt der Winzling zur gefahrlosen Teilnahme am immer dynamischeren Straßenverkehr einen größeren Motor. Mit 1,3 Litern (53 und 63 PS mit G-Kat) und Scheibenbremsen vorne konnte man auch im modernen Straßenverkehr mithalten, wenngleich die Unfallsicherheit Anlass zur Kritik bot. Daran änderte auch der Einbau eines Fah-

▶ Auch in seinen späten Versionen hat der Mini nichts von seinen ursprünglichen Eigenschaften eingebüßt. Allerdings taugt er im heutigen Verkehr eigentlich nur noch als Stadtwagen, denn seine Motorleistung und seine Insassensicherheit sind nicht mehr zeitgemäß.

rer-Airbags ab Mitte 1996 nur wenig. Zahlreiche modische Sondermodelle wie die Grand Prix Limited Edition von 1994 oder die Final Edition von 2000 gaben dem Verkauf des knuffigen Briten immer wieder neue Impulse. Doch am Ende waren der geringe Komfort und die puristischen Fahreigenschaften vielen Kunden der Neuzeit dann doch zuviel, sodass das Interesse nur noch bei echten Mini-Fans Bestand. Zu wenig, denn in den 2000er-Jahren wurde nicht nur der Hersteller Rover geschlossen, auch der Mini musste nach über 40 Jahren einer modernen Konstruktion weichen, die aber nahtlos von dem positiv besetzten Image seines prominenten Vorgängers profitierte.

Produktion	1959–2000
Stückzahl	k.A.
Bauart	R4-Zylinder
Steuerung	OHC
Hubraum (l)	1,0–1,3
Leistung (PS)	63
bei UPM	5.000
Höchstgeschw. (km/h)	155
Preisspiegel 2015 (in Euro)	Mini 1,3i
Zustand 1	13.300
Zustand 2	8.300
Zustand 3	6.200
Wertentwicklung	

Tipp: Drum prüfe, wer sich ewig bindet. Einen Ur-Mini muss man fahren wollen, denn er bietet nur wenig von dem, was man sich unter heutigen Komfortmerkmalen wünscht. Sein Unterhalt ist dafür preiswert.

58 *Mitsubishi Pajero L040*

Produktion	1983–1991
Stückzahl	82.050 verk. Exple. in Deutschland
Bauart	R4, V6-Zylinder
Steuerung	OHC
Hubraum (l)	2,3–3,0
Leistung (PS)	141
bei UPM	5.000
Höchstgeschw. (km/h)	159
Preisspiegel 2015 (in Euro)	Mitsubishi Pajero V6 Autom.
Zustand 1	k.A.
Zustand 2	8.300
Zustand 3	4.200
Wertentwicklung	

Ab 1983 bevölkerte der robuste Kraxler den europäischen Markt. Im Laufe der Zeit lieferte Mitsubishi den SUV mit immer neuen Motor- und Karosserievarianten aus. Gab es zu Beginn der Karriere nur einen 103 PS starken Vierzylinder-Benziner, kam am Ende noch ein komfortabler, aber auch durstiger V6 mit 141 PS dazu. Im Falle der Diesel endete die Leistungsskala bei 95 PS, die ein Vierzylinder-Turbodiesel lieferte. Eine Version mit langem Radstand und ein Cabriolet auf Basis des kurzen Pajero sorgten dafür, dass so ziemlich jeder „seinen" Pajero fand. Im Alltag hatte der Japaner allerdings andere Probleme. Rost war der größte Feind des Geländegängers, gefolgt von den meist herben Einsatzbedingungen, sodass gut erhaltene Original-Pajeros zu den Raritäten gehören.

Tipp: Wenn man einen gut erhaltenen Pajero findet, unbedingt zuschlagen.

59 *Mitsubishi Sapporo E16*

1987 führte Mitsubishi das Oberklassemodell Sapporo nach Deutschland ein, um im Revier von 5er BMW und Co. zu wildern. Die Zutaten dazu waren allerdings schlecht gewählt, denn im Bug des Japaners gab es keinen laufruhigen Sechszylinder, sondern nur einen schwächlichen Vierzylinder. Dafür gab es jede Menge Technik-Bling-Bling: Ein elektronisch verstellbares Fahrwerk (nur Automatikversion), elektronische Heinzelmännchen und exotische Bedienungssatelliten für die Aktivierung von Scheibenwischer und Blinker, die ihre Betätigung gerne mit einem „Piep" quittierten. Doch auch bei der Karosserie hatten die japanischen Ingenieure nicht mit ihrem Können gegeizt, denn rahmenlose Seitenscheiben waren 1987 hinsichtlich Windgeräuschen und Dichtigkeit noch eine Herausforderung.

Produktion	1987–1990
Stückzahl	k.A.
Bauart	R4-Zylinder
Steuerung	OHC
Hubraum (l)	2,4
Leistung (PS)	124
bei UPM	5.000
Höchstgeschw. (km/h)	185
Preisspiegel 2015 (in Euro)	Mitsubishi Sapporo Autom.
Zustand 1	k.A.
Zustand 2	3.300
Zustand 3	2.200
Wertentwicklung	👎

Tipp: Wer gerne ein unbekanntes Auto hat, liegt mit dem Sapporo richtig.

60 Nissan 200 SX/Silvia

Auch Nissan nahm an dem boomenden Coupé-Markt in Deutschland teil und bot von 1984 bis 1989 das Silvia Coupé an. Viele Käufer fand es jedoch nicht.

Die 1980er-Jahre waren das Jahrzehnt der Lineale im Automobildesign. Ähnlich wie der Scirocco von Volkswagen und das Audi Coupé machte auch das 1984 eingeführte Coupé mit dem klangvollen Namen Silvia mit reichlich geraden Linien auf sich aufmerksam. Für eine besonders flache Front hatten die Designer die seinerzeit beliebten Klappscheinwerfer im Angebot und für einen attraktiven Heckabschluss gab es eine große Glaskuppel, die den Innenraum an Sonnentagen in eine Sauna verwandelte. Insgesamt machte das 4,40 Meter lange Coupé eine gefällige Erscheinung, wenngleich kein Hingucker entstanden war. Und auch technisch bot das Auto eher biedere

▶ Bild links: Im Serientrim war die Nissan Silvia eher biederes Hausfrauencoupé denn Sportwagen. Hier glänzte sie vor allem mit ihren problemlosen Alltagseigenschaften und ihrer hohen Zuverlässigkeit.

Bild rechts: Als Rallyegerät war die Silvia nur mäßig erfolgreich, wohl auch, weil es an dem obligatorischen Allradantrieb fehlte.

Einheitskost. Zu Beginn sorgte ein 2,0-Liter-Vierzylinder mit 16-Ventil-Zylinderkopf für eher verhaltenen Vortrieb. Lediglich 145 PS lieferte der Motor an die Hinterräder. Da das Aggregat aber nicht mit einem Katalysator zu kombinieren war, legte Nissan nach und bot ab 1985 einen 1,8-Liter-Turbomotor mit Abgasreinigung an, der es allerdings nur noch auf 122 PS brachte. Die Fahrleistungen bewegten sich fortan auf eher unterdurchschnittlichem Niveau, weswegen Nissan beim Nachfolgemodell Motoren mit mehr Leistung anbot. Das einbrechende Segment der Mittelklasse-Coupés und die schwindende Popularität der Marke Nissan führten dazu, dass das Nissan Silvia Coupé hierzulande eine Ausnahmeerscheinung blieb. Doch genau das macht das Auto heute reizvoll, zumal es immer noch gute Exemplare in Mutti's Garage gibt.

Produktion	1987–1990
Stückzahl	4.400
Bauart	R4-Zylinder
Steuerung	DOHC
Hubraum (l)	1,8
Leistung (PS)	124
bei UPM	6.400
Höchstgeschw. (km/h)	185
Preisspiegel 2015 (in Euro) - Nissan Silvia	
Zustand 1	k.A.
Zustand 2	3.300
Zustand 3	2.200
Wertentwicklung	👎

Tipp: Die Silvia sollte komplett und in gutem Zustand sein, denn die Ersatzteilversorgung ist schlecht und kostenintensiv.

61 *Opel Calibra*

Der Manta-Nachfolger Calibra sollte Schluss machen mit dem Image des etwas prolligen Bauerncoupés. Doch das gelang nur teilweise, auch wenn das Auto durchaus Talente hatte.

Opel und die Coupés. Das ist die Geschichte der Coupés des kleinen Mannes. Nie hatte es für die Rüsselsheimer gereicht, ihre Zweitürer dort zu platzieren, wo etwa Audi- oder BMW-Kunden sich angesprochen fühlten. Der Calibra hätte dabei seine Chance durchaus nutzen können, doch am Ende blieb es bei dem Versuch. Denn formell war der von Bertone entworfene Opel durchaus gelungen. Schmale DE-Scheinwerfer und eine elegante Linie boten alles, wovon die Kunden schwärmten. Dazu gab es fortschrittliche Technik. Opel brachte nicht nur einen effizienten 16-Ventiler im Calibra 16V,

▶ **Konstante Größe.** Der Calibra veränderte sein Aussehen während der Produktionszeit nur minimal. Technisch waren mit dem Turbo und der 4x4-Version einige Leckerbissen dabei. Allerdings rostet der Opel übermäßig und auch sein Innenraum bietet Anlass zur Kritik.

sondern lancierte auch einen Allradantrieb, einen kräftigen Turbomotor, und sogar einen V6-Motor konnte der Kunde bestellen. Dazu stellte das Auto mit ein paar wirklich gelungenen Auftritten in der DTM sein Können unter Beweis. Doch all das Werben um die Gunst der Liebhaber half nichts. Am Ende blieb auch dieses Opel-Coupé ein Wegwerfauto. Ein schlechter Rostschutz, relativ schnell purzelnde Restwerte und eine eher mäßige Teileversorgung besorgten, zusammen mit der Abwrackprämie, den Rest. Heute gehören gute Calibras daher schon zu den Raritäten, wobei die späteren Modelle besonders begehrt sind.

Produktion	1989–1997
Stückzahl	k.A.
Bauart	R4, V6-Zylinder
Steuerung	DOHC
Hubraum (l)	2,5
Leistung (PS)	170
bei UPM	6.000
Höchstgeschw. (km/h)	237
Preisspiegel 2015 (in Euro)	Opel Calibra V6
Zustand 1	k.A.
Zustand 2	5.300
Zustand 3	2.900
Wertentwicklung	

Tipp: Halten Sie sich nicht mit den Basismodellen auf, sondern greifen Sie zu V6 und den Turbos. Nur sie werden dauerhaft im Wert zulegen. Hohe Teilepreise machen Bastelbuden uninteressant.

62

Opel Lotus Omega

Eine besondere Perle des Opel-Programms der 1990er-Jahre war der Opel Omega mit Lotus-Technik. Nach dem flügellahmen Omega 3000 war er der Opel, der das Image der Marke hochleben ließ.

Wenn man es genau nimmt, ist dieser Omega eigentlich gar kein Opel, denn sein Hersteller ist kein geringerer als der Sportwagenhersteller Lotus. Zwar produzierten die Rüsselsheimer die Karosserie der viertürigen Limousine, doch die Endmontage erfolgte in Handarbeit in England. Basis für die 377 PS starke Sechszylindermaschine war allerdings auch ein Opel-Serienmotor, der bei Lotus vor allem mit zwei parallel geschalteten Turboladern und einem Vierventil-Zylinderkopf auf 377 PS aufgepumpt wurde. Eine Stärke, die im Laufe des Betriebes dem Antriebs-

▶ Als Opel geboren, als Lotus gefeiert. Der Lotus Omega besitzt hintere Radläufe, die im Gegensatz zum Serien-Omega nicht mit einer geraden oberen Kante versehen, sondern rund sind. Diese runden Radläufe hatte auch der Omega-Evo 500. Alle Lotus Omega sind durchnummeriert.

strang immer wieder Probleme machte, obwohl man bei Lotus hoffte, solchen Malaisen durch die Verwendung eines Sechsgang-Getriebes aus der Chevrolet Corvette aus dem Weg zu gehen. Zu den auffälligen Änderungen an der Karosserie gehörten neben den deutlich herausgezogenen Radläufen auch spezielle Schürzen und Schweller sowie ein riesiger Heckflügel, der bei der theoretisch möglichen Höchstgeschwindigkeit von 283 km/h das Fahrzeug sicher in der Spur halten sollte. Nur 988 Exemplare des vermutlich schnellsten Opels entstanden binnen weniger Monate. Sie gelten heute als Ikone der Marke.

Produktion	1991–1992
Stückzahl	988
Bauart	R6-Zylinder
Steuerung	DOHC
Hubraum (l)	3,6
Leistung (PS)	377
bei UPM	5.200
Höchstgeschw. (km/h)	283
Preisspiegel 2015 (in Euro)	(Opel) Lotus Omega
Zustand 1	k.A.
Zustand 2	35.300
Zustand 3	28.900
Wertentwicklung	

Tipp: Ein gründlicher Check des Antriebsstrangs ist angesichts der hohen Leistung eine Pflicht. Rost nagt auch an diesem Omega, zumal der Einbau der speziellen Radläufe zusätzliche Angriffspunkte für die braune Pest bietet.

63 *Opel Manta*

Jahrelang war der Opel Manta selbst in der Oldieszene verpönt. Schuld war der Film „Manta, Manta", in dem der prollige Bertie mit dem Rüsselsheimer Coupé alle Klischees bediente.

Nüchtern betrachtet war der Opel Manta einer der Glücksfälle für Opel, die die Marke in den 1980er-Jahren stark machte. Das attraktiv gestaltete Coupé kam bei einem breiten Publikum gut an und war durch die weitgehend unverändert übernommene Großserientechnik aus dem Opel Ascona B ein technisch außerordentlich zuverlässiges Auto. Zwei Karosserieversionen gab es, einmal das weniger beliebte Coupé mit großer Heckklappe namens Manta CC und das klassische Modell mit separatem Heckdeckel. In Sachen Motorisierung konnte die Manta-Kundschaft aus zahlreichen Vierzylindern auswählen, wobei die Motoren mit 1,9 Liter (später 2,0 Liter) am beliebtesten waren. Bäume konnte man damit dennoch nicht ausreißen, denn bei 110 PS war Schluss. Wer mehr Leistung wollte, musste dann schon den 1981 vorgestellten Manta 400 wählen: Ein Auto, das ursprünglich für den Wettbewerb gebaut worden war und dank eines Vierventil-Zylinderkopfs und klassischen Tunings auf 144 PS kam. Auf Wunsch konnte dieses heute sehr rare Modell auch mit einer verbreiterten Karosserie geordert werden. 1987 kam dazu noch eine Sechszylinder-Kleinserie von Opel-Tuner Irmscher ins Spiel, bevor Opel die Produktion des heutigen Kultwagens 1988 einstellte.

▶ Je mehr das Jahrzehnt der Vokuhila-Frisuren in den Fokus der Oldie-Liebhaber kommt, umso mehr wächst das Interesse an dem Opel Manta. Kleidungstipps für diese Zeit finden sich in jeder Bravo, der Manta im Internet. Begehrt sind originale GSI-Modelle.

Produktion	1975–1988
Stückzahl	1.056.436
Bauart	R4, R6-Zylinder
Steuerung	OHC
Hubraum (l)	2,0
Leistung (PS)	110
bei UPM	5.400
Höchstgeschw. (km/h)	187
Preisspiegel 2015 (in Euro)	Opel Manta 2,0 E
Zustand 1	12.500
Zustand 2	5.300
Zustand 3	3.900
Wertentwicklung	

Tipp: Original muss er nicht unbedingt sein, denn an wohl keinem Youngtimer passt zeitgenössisches Tuning-Zubehör so gut wie beim Manta.

123

64 *Opel Monza*

Im Schatten des Opel Manta wuchs ein weiteres Opel-Coupé zum Klassiker heran. Der Opel Monza war, anders als sein kleiner Verwandter, allerdings eher das Mobil für die ältere Generation.

Der Manta zu bürgerlich, der Senator zu groß. Das waren die Probleme, die man um 1980 im Showroom des Opel-Händlers zu lösen versuchte. Die Wahl fiel dabei nicht selten auf den Erwerb eines Opel Monza, jenes vom Spitzenmodell Senator abgeleiteten Coupés mit der Lizenz für die linke Spur der Autobahn. Der Monza war vor allem auf das luxuriöse Gleiten abgerichtet und durfte deshalb ab 1977 die Kundschaft vornehmlich mit der Laufruhe eines Reihensechszylinders verwöhnen. Innen gab es dazu flauschiges Velours oder Alcantara und nicht selten Luxusextras

▶ Segelfliegen und Opel Monza fahren. So stellte sich die Opel-Presseabteilung zu Beginn der Karriere des Autos die Kunden vor. Später reichte es offenbar aus, mit dem Monza GSE einen simplen Ausflug zu machen. Bürgerlicher Lifestyle im vermeintlichen Luxuscoupé.

wie eine Klimaanlage oder elektrische Fensterheber. Um die Kundschaft bei Laune zu halten, spendierte Opel immer mal wieder leichte Detailänderungen, wie etwa die Einführung von Kunststoffstoßstangen im Jahr 1982. Zugunsten eines breiteren Absatzmarktes gab Opel zu diesem Zeitpunkt auch den Verzicht auf Vierzylinder-Motoren auf und der Monza war mit einem 115-PS-Motor aus dem Rekord erhältlich. Ein letztes Aufbäumen des Modells erfolgte mit der Einführung des 156 PS starken Monza GSE mit Katalysator, für den es sogar einen Digitaltacho gab. 1986 war dann allerdings Schluss mit der Ära der großen Opel-Coupés und die Baureihe Monza wurde eingestellt.

Produktion	1978–1986
Stückzahl	46.008
Bauart	R4, R6-Zylinder
Steuerung	OHC
Hubraum (l)	3,0
Leistung (PS)	156
bei UPM	5.600
Höchstgeschw. (km/h)	206
Preisspiegel 2015 (in Euro)	Opel Monza 3,0 E
Zustand 1	12.500
Zustand 2	7.300
Zustand 3	4.700
Wertentwicklung	👎

Tipp: Rost ist der größte Feind des Monza. Suchen Sie nach einem möglichst guten Exemplar, denn eine Vollrestauration lohnt (noch) nicht.

65 *Peugeot 306 Cabriolet*

Der Grund, warum es hierzulande kleine Cabriolets schwer haben, ist unklar. An der Form des Peugeot 306 Cabrio kann es aber nicht liegen, denn die gestaltete kein geringerer als Pininfarina.

Meist ist es Liebe auf den ersten Blick, wenn man (oder frau) sich in den kleinen Franzosen verguckt. Bügellos steht er da, mit dynamischer Front, eleganter Linie und keckem Heckabschluss. Dazu ist er praktisch, denn die beiden Türen öffnen weit, vier Personen finden gut Platz und einen Kofferraum mit brauchbaren Abmaßen hat er auch noch. Die Rede ist von dem Peugeot 306 Cabriolet, das 1994 zum ersten Mal das Licht der Welt erblickte. Ausgerüstet mit modernen Motoren (1,8 und 2,0 Liter), machte der offene Franzose vor allem auf Kurz- und Mittelstrecken

▶ Außer einem dezenten Facelift veränderte Peugeot nur wenig an dem 306 Cabriolet. Das Auto macht auch heute noch eine gute Figur und glänzt mit einfach zu unterhaltender Technik, die allerdings im Detail so ihre Tücken hat.

Freude. Sein wendiges Wesen wurde unterstützt durch eine leichtgängige, aber dennoch exakte Servolenkung und auch sein Fahrwerk bot den Kompromiss zwischen Dynamik und Komfort, den man sich bei so einem Auto wünschte. Einzig das Stoffverdeck machte bisweilen Ärger, ebenso wie Teile der Technik. Dabei waren die Probleme allerdings von einfacher Natur und ließen sich, voilà, am Straßenrand beheben.

Warum der offene Peugeot derzeit noch nicht bei den Liebhabern zündet, bleibt also unklar. Doch es kann einem egal sein, solange die Preise noch so tief sind, wie das aktuell noch der Fall ist.

Produktion	1994-2002
Stückzahl	k.A.
Bauart	R4-Zylinder
Steuerung	OHC
Hubraum (l)	2,0
Leistung (PS)	121
bei UPM	5.750
Höchstgeschw. (km/h)	194
Preisspiegel 2015 (in Euro)	Peugeot 306 2,0 Cabriolet
Zustand 1	6.500
Zustand 2	3.500
Zustand 3	2.700
Wertentwicklung	👍

Tipp: Greifen Sie zu. Denn so billig wie derzeit gibt es kein künftiges Kultauto anderswo. Besonderer Tipp: Sondermodell „Roland Garros" mit dem 2,0-Liter-Motor.

66 *Peugeot 405 MI 16*

Als Neuwagen war der Peugeot 405 MI 16 ein Außenseiter. Das erklärt, warum der sportliche Franzose hierzulande zu einer echten Rarität wurde. Doch die Suche lohnt.

Mit 158 PS startete 1987 der Peugeot 405 MI 16 als Spitzenmodell den Angriff auf das deutsche Establishment. Die Gegner hießen Audi 90 oder BMWs 3er-Reihe, denn schon nach dem ersten Probesitzen war klar, dass der Peugeot eher ein echter Sportler denn französische Sänfte sein sollte. Neben äußerlichem Zierrat wie lackierten Seitenschwellern oder dem monströsen Heckflügel sorgten vor allem innere Werte für die Begeisterung der Sportfahrer in der gehobenen Mittelklasse, allen voran der Vierventil-Vierzylindermotor mit 1,9 Litern Hubraum und dynamischem Antritt. Im Umfeld der 3er-BMWs und Audis war der Peugeot damit um das entscheidende Etwas leistungsstärker. Ein Umstand, den der Fahrer aufgrund der gelungenen Abstimmung von Motor und Getriebe schon ab dem ersten Meter spürte. Mit 220 km/h war der Peugeot zudem ungewöhnlich schnell. Eine Allradversion und ein 196 PS starker Turbo ergänzten das Peugeot-Sportprogramm in der Mittelklasse, bis 1994 die Serie 405 eingestellt wurde. Heute ist der 405 MI 16, insbesondere die Allradversion, eine echte Rarität, mit der der Fahrspaß nicht zu kurz kommt und die im Alltag nur wenig Ärger macht.

▶ **Als Konkurrent zu den etablierten Mittelklasselimousinen taugte der 405 Mi 16 nur bedingt. Zum Mithalten auf der linken Spur dagegen umso mehr. Der Peugeot hatte vor allem motorisch gute Qualitäten, der Rest war eher durchschnittlich. Eine Kombiversion mit dem 16-Ventiler gab es leider nie.**

Produktion	1987–1992
Stückzahl	k.A.
Bauart	R4-Zylinder
Steuerung	DOHC
Hubraum (l)	1,9
Leistung (PS)	158
bei UPM	6.600
Höchstgeschw. (km/h)	220
Preisspiegel 2015 (in Euro)	Peugeot 405 MI 16
Zustand 1	k.A.
Zustand 2	6.500
Zustand 3	4.700
Wertentwicklung	👍

Tipp: Die Suche nach dem Allradmodell ist schwierig, aber lohnend. Damit wird der Peugeot zum Audi-quattro-Konkurrenten.

67 Peugeot 406 Coupé

Wieder einmal zeigte Designer Pininfarina den Franzosen, wie man Autos kreiert. Das Peugeot 406 Coupé besticht durch Elegan, genauso wie durch interessante Technik.

Als drittes Mitglied der Peugeot-406-Familie erblickte das große Peugeot-Coupé 1997 das Licht der Welt. Von Beginn an sorgte vor allem die rassige Linienführung für Begeisterung. Und auch wenn Peugeot das Auto im Bereich der gehobenen Mittelklasse einpreiste, wurden von dem Chic durchaus auch Kunden größerer Modelle angesprochen. Innen kam dann die Ernüchterung, denn im Peugeot 406 Coupé geht es nicht wesentlich anders zu als in jedem anderen 406. Gleiches auch im Motorenabteil, zumindest, wenn einer der biederen Vier-

▶ Warum das Peugeot Coupé derzeit so günstig notiert, kann man kaum erklären. Die Linienführung ist hervorragend und mit einer Lederausstattung wird das Auto zum echten Luxusgleiter. Selbst rosten tut es nicht übermäßig, sodass man jetzt zugreifen sollte.

zylinder montiert ist. Das Flair der großen weiten Welt kommt im Peugeot erst mit einer opulenten Lederausstattung und dem 3,0-Liter-V6 mit Vierventiltechnik und 191 PS auf. Wer das Langstrecken-Gen des Coupés testen will, wird mit einem 2,0-Liter-Dieselmotor bedient, der bereits 2001 über die moderne Common-Rail-Einspritztechnologie verfügte. Am Ende bleibt das 406 Coupé aber ein sanfter Gleiter und ist derzeit völlig unterbewertet. Doch das war sein Vorgänger, das heute rare 504 Coupé, ja all die Jahre auch.

Produktion	1997–2001
Stückzahl	k.A.
Bauart	R4, V6-Zylinder
Steuerung	DOHC
Hubraum (l)	3,0
Leistung (PS)	191
bei UPM	5.500
Höchstgeschw. (km/h)	235
Preisspiegel 2015 (in Euro)	Peugeot 406 3,0
Zustand 1	5.000
Zustand 2	3.500
Zustand 3	2.700
Wertentwicklung	👍

Tipp: Als schöner Alltagsklassiker ist das Peugeot-Coupé bestens geeignet. Nur die hohen Teilekosten sollten einem bewusst sein, will man mit dem Auto alt werden. Als Wertanlage ist er umstritten.

68 *Peugeot 504 Cabriolet*

Auf dem Sprung zum Oldtimer ist der Peugeot 504 Cabriolet das derzeit teuerste Automobil in der historischen Peugeot-Palette. Das Auto ist allerdings nur in gutem Zustand eine Augenweide.

Zuerst die gute Nachricht: Die ganz schlimmen Cabriolets des Typs 504 sind kaum noch am Markt. Zu lange währte die Zeit zwischen den Tiefen des Gebrauchtwagenmarktes und der Entdeckung durch die Youngtimerliebhaber, als dass allzu mürbe Exemplare noch überlebt haben können. Denn frühe Exemplare des von Pininfarina eingekleideten Cabriolets waren bereits bei Einstellung der Produktion im Jahr 1983 ein Fall für das Schweißgerät. Die schlechte Blechqualität seiner Zeit und die eher laxe Fertigungsqualität beim Lohnfertiger Pininfarina in Italien brachten es mit sich, dass der

▶ Das Peugeot 504 Cabriolet ist eines der schönsten seiner Gattung. Leider litt der Franzose extrem unter der braunen Pest, was das Auto oftmals schon nach drei Jahren zu einem Sanierungsfall machte. Meiden Sie also Ausfahrten im Winter bei abgestreuten Straßen.

Peugeot häufig schon nach wenigen Jahren ein Fall für die Schrottpresse war. Doch das ist Geschichte, denn die meisten Autos sind bereits einmal restauriert worden. So kann man sich heute ganz dem Genuss des bügellosen Cabriolets widmen. Stressfrei ist auch die Technik, denn egal, ob nun der 1,8-Liter-Vierzylinder oder der 2,6-Liter-Alu-V6 eingebaut ist, richtige Probleme macht der Antrieb eigentlich nicht. Der V6 mit 136 PS bietet aber naturgemäß den größeren Genuss, vor alle beim Offenfahren.

Produktion	1969–1983
Stückzahl	k.A.
Bauart	R4, V6-Zylinder
Steuerung	OHC
Hubraum (l)	1,8
Leistung (PS)	104
bei UPM	5.500
Höchstgeschw. (km/h)	179
Preisspiegel 2015 (in Euro)	Peugeot 504 1,8
Zustand 1	27.900
Zustand 2	17.500
Zustand 3	10.700
Wertentwicklung	👎

Das weiß auch der Markt, weswegen der Sechszylinder deutlich höher gehandelt wird als die Einstiegsvariante.

Tipp: Meist reicht ein Vierzylinder. Das spart Geld in Anschaffung und Betrieb. Die Teileversorgung ist nicht ganz unkritisch, besonders wenn es eilig ist, muss Peugeot oft passen.

69 *Peugeot 604*

Die Luxuslimousine 604 von Peugeot genoss hierzulande immer ein Außenseiterdasein. Umso reizvoller ist die Alternative zum 7er BMW heutzutage. Wenn man sie denn findet.

Fahren wie Gott in Frankreich. Was auf den ersten Blick nur mit dem CX von Citroën möglich schien, war mit dem Peugeot 604 ebenso machbar. Die staatstragende Limousine kam 1976 auf den Markt und durfte in ihrem Heimatland sogar den Präsidenten transportieren. In Deutschland war das Auto nur etwas für echte Frankreichfans. Neben den üblichen Rostproblemen hatte das Auto vor allem mit seinem Image zu kämpfen: Wer in der automobilen Oberklasse einkaufen ging, wollte keinen Löwen am Bug.

▶ Genießen Sie den Anblick des Peugeot 604, denn in freier Wildbahn bekommt man die französische Luxuslimousine fast nie zu Gesicht. Der Rost nagte so sehr an dem Modell, dass fast alle auf dem Schrottplatz endeten.

Dabei gab es objektiv nichts zu meckern, wenngleich natürlich der eingesetzte Europa V6 nicht unbedingt den Höhepunkt der Motorenentwicklung darstellte. Selbst mit 150 PS in der letzten Ausbaustufe hatte der V6-Motor seine liebe Müh' und Not bei dem schweren Peugeot. Speziell, weil seinerzeit eher unüblich, ist die Dieselversion des großen Peugeot. Der 604 SRD holte aus 2,3 Litern Hubraum 80 PS und war eine der ersten Diesel-Reiselimousinen. Zusammen mit dem guten Federungskomfort wurde so aus dem 604 eine ideale Langstreckenlimousine. 1986 kam dann das Aus für den 604.

Produktion	1976–1986
Stückzahl	153.266
Bauart	R4, V6-Zylinder
Steuerung	OHC
Hubraum (l)	2,8
Leistung (PS)	150
bei UPM	5.650
Höchstgeschw. (km/h)	185
Preisspiegel 2015 (in Euro)	Peugeot 604 V6 GTI
Zustand 1	12.400
Zustand 2	7.500
Zustand 3	4.200
Wertentwicklung	👎

Tipp: Der V6-Motor ist die ideale Besetzung im großen Peugeot. Mit ihm lässt sich gut leben und seine Laufkultur passt perfekt zu dem Auto.

70 Pontiac Fiero

Hierzulande ist der Mittelmotorsportwagen Pontiac Fiero ein absoluter Exot. Das sollte Interessenten aber nicht abschrecken, denn der Zweisitzer hat durchaus seine Qualitäten.

Die Besonderheiten des Fiero beginnen bereits bei der Karosserie. Denn statt Stahl bietet sie Plastik. Kunststoffpaneele wurden auf ein aus 276 Teilen bestehendes Stahlskelett aufgeschraubt, um das Auto möglichst leicht zu machen. Im Zuge dieser Abspeckkur kam auch der Motor an die Reihe. Der Vierzylinder mit 2,5 Litern Hubraum sollte das Auto zwar schnell, aber auch sparsam machen. Doch der Kundschaft war das Aggregat zu schwach und so liefen die meisten Fiero mit dem ebenfalls erhältlichen 2,8-Liter-V6 mit immerhin 135 PS vom Band. Doch auch wenn die Leistung aus europäischer Sicht etwas mickrig anmuten mag, für den Fiero und für die

▶ Bild links: Mit dem späteren Bodykit machte der zu Beginn sehr schmächtig wirkende Fiero deutlich mehr her.

Bild rechts: Der etwas müde V6-Motor hinter den Passagieren sorgte mit seinen knapp 140 PS allerdings nur für eher schlappe Fahrleistungen, was den Absatz des Sportlers erschwerte.

vom Speedlimit geplagte amerikanische Kundschaft war das Gebotene mehr als genug. Denn der Fiero wartete vor allem bei Nässe mit einem komplizierten Fahrverhalten auf. Schuld daran war seine Mittelmotorbauweise, mit der der Fiero speziell im Grenzbereich nach einer kundigen Hand verlangte. Ab 1986 lancierte Pontiac eine zusätzliche Karosserieversion mit einem eleganter wirkendem Fastback, zudem gab es kurz vor Produktionseinstellung im Jahr 1988 eine Renovierung des Fahrwerks, was das Fahrverhalten bei Nässe erheblich verbesserte. Doch trotz dieser Bemühungen konnte sich das Auto, nicht zuletzt wegen erheblicher Verarbeitungsmängel im Innenraum, nicht durchsetzen. Gebrauchte Fieros litten unter erheblichem Wertverlust und wurden als Basis für den Umbau von Replikaten eines Ferrari F40 genutzt.

Produktion	1983–1988
Stückzahl	260.337
Bauart	R4, V6-Zylinder
Steuerung	OHC
Hubraum (l)	2,8
Leistung (PS)	142
bei UPM	5.200
Höchstgeschw. (km/h)	180
Preisspiegel 2015 (in Euro)	Pontiac Fiero GT
Zustand 1	k.A.
Zustand 2	7.500
Zustand 3	4.200
Wertentwicklung	

Tipp: Achten Sie beim Kauf des Fiero auf Unfallfreiheit. Der Stahlrahmen ist schwierig instand zu setzen.

71 Porsche 911 Cabriolet

Ein Traumwagen par exellence war das erste 911er-Cabriolet eigentlich schon immer. Aktuell ist das Modell aus der G-Baureihe auf dem Weg zum Klassiker.

911er Porsche geht immer. Egal, ob als Klassiker der 1960er oder als Modell der Moderne. Dazwischen bietet die Marke eine große Auswahl an Coupés und Targas. Nur wer es komplett offen will, ist etwas limitiert, denn das erste Porsche Cabriolet gab es erstmals nach 18 Jahren wieder ab 1982. Vollkommen ohne Bügel und mit einem spartanischen Stoffverdeck machte das Auto kurz nach dem Erscheinen die Porsche-Liebhaber verrückt. Denn nun gab es nicht nur die Performance des Sechszylinder-Boxermotors mit 204 PS für die Fahrdynamik, sondern auch dessen ungefilterten Sound für die Ohren. Doch das Vergnügen ließ sich noch steigern, als ab 1987 das Cabriolet auch in der 300 PS starken Turbo-Version vom Band rollte. 147.850 DM berechnete Porsche damals für den Spaß, und wer dazu ein paar Extras bestellte, knackte problemlos die Grenze von 160.000 DM. Dafür gab es dann aber die verbreiterte Karosserie sowie eine für damalige Verhältnisse innovative elektrische Betätigung des Verdecks. Weniger Komfort hingegen war beim Fahren angesagt. Auf Luxuszutaten wie eine Servolenkung oder ein ABS-Bremssystem musste anno 1987 nämlich noch verzichtet werden.

▶ Viele hierzulande angebotenen 911er-Cabriolets sind Re-Importe aus den USA. Bei diesen Modellen gehört ein umfassender Check auf Unfallfreiheit und Nachlackierungen zum Pflichtprogramm. Dazu notieren die Heimkehrer deutlich niedriger am Markt.

Tipp: Ein Turbo muss es nicht unbedingt sein. Wenn man sich es aber leisten kann, ist er die erste Wahl.

Produktion	1983–1988
Stückzahl	918 (turbo), 4.096 (SC Cabriolet)
Bauart	6-Zylinder
Steuerung	OHC
Hubraum (l)	3,3
Leistung (PS)	300
bei UPM	5.500
Höchstgeschw. (km/h)	260
Preisspiegel 2015 (in Euro)	Porsche 911 turbo Cabriolet
Zustand 1	145.000
Zustand 2	87.500
Zustand 3	74.200
Wertentwicklung	

Porsche 911 Speedster

Wem das 911er-Cabriolet zu gewöhnlich schien, der konnte 1989 aufatmen. Mit dem 911 Speedster griff Porsche die alte Tradition des puristischen Zweisitzers wieder auf. Nur 2.100 Stück wurden produziert....

Das Porsche-Modelljahr 1989 ist eigentlich arm an Attraktionen. Doch um eine Neuheit reißen sich die Fans. Den 911 Speedster, der in Anlehnung an die Vergangenheit die typischen Speedster-Merkmale trägt. Ein ultraflacher Frontscheibenrahmen, gepaart mit einem Kunststoffdeckel, unter dem das spartanische und manuell zu bedienende Verdeck verstaut wird. Zu haben ist das Auto in zwei Versionen. Die von dem normalen 911er abgeleitete Version mit schmalen Kotflügeln, von der nur 171 Fahrzeuge verkauft wurden, und die wesentlich mächtiger erscheinende Turbo-Version mit breiten

▶ Die meisten 911 Speedster liefen in der Breitbau-Version vom Band. Das schmale Modell ist somit eine Rarität, die allerdings kaum am Markt angeboten wird. Unter dem Blech steckte allerdings immer die gleiche Technik.

Kotflügeln. Sie ging 1.932-mal über den Tisch der Porsche-Händler. Motorisiert waren beide Modelle gleich, nämlich mit dem 3,2-Liter-Boxermotor mit 231 PS. Das reicht für eine Höchstgeschwindigkeit von über 240 km/h und eine Beschleunigung von rund 6,0 Sekunden auf 100 km/h. Die guten Fahrleistungen sind auch dem Verzicht auf Komfort geschuldet, denn dank des Fehlens der elektrischen Fensterheber sowie der Rücksitze wiegt der Speedster rund 90 Kilogramm weniger als das als Basis dienende Cabriolet. Den sportlichen Anspruch unterstreicht zudem eine seltene Clubsport-Abdeckung, mit der der Speedster zum Einsitzer wird.

Produktion	1989
Stückzahl	171 (schmale Version), 1.932 (Turbo-Look)
Bauart	6-Zylinder
Steuerung	OHC
Hubraum (l)	3,2
Leistung (PS)	231 (217 mit Kat)
bei UPM	5.900
Höchstgeschw. (km/h)	254
Preisspiegel 2015 (in Euro)	Porsche 911 Speedster
Zustand 1	145.000
Zustand 2	87.500
Zustand 3	74.200
Wertentwicklung	👍

Tipp: Packen Sie bei einem geplanten Erwerb ein dickes Portemonnaie ein, denn schon zu Lebzeiten wurde der Speedster zum Spekulationsobjekt.

73 Porsche 924

Vergessen Sie das Attribut Sekretärinnen-Porsche. Der Porsche 924 ist auf dem Weg zum Klassiker und vor allem die frühen Modelle steigen aktuell im Wert.

Aller Anfang ist schwer. So könnte man das Los des Porsche 924 beschreiben, der als Einsteigermodell für die Zuffenhausener dienen sollte. Von Volkswagen entwickelt und dann noch bei Audi gebaut, vermochte das Auto anfangs die Porsche-Fans kaum begeistern. Die Konkurrenzmodelle waren schneller und preiswerter und zu einem echten Sportwagen fehlte dem aus dem Volkswagen LT stammenden Vierzylinder mit zu Beginn 125 PS schlicht die Leistung. Doch das Auto blühte im Verborgenen. Versionen wie der Porsche 924 turbo mit 170 PS oder der rare Carrera GT (400 Stück) halfen dem Modell, eine gewisse Beliebtheit bei den Käufern zu sichern. Hinzu kam die sich zunehmend herumsprechende Zuverlässigkeit des Modells. Der Porsche 924 führte lange Jahre als eines der zuverlässigsten Autos die Statistik an. Ein großes Hubdach, das sich bei Bedarf herausnehmen ließ, sowie ein ungewöhnlich variabler Innenraum machten das Auto auch als Erstwagen attraktiv, verband er doch die Fahrleistungen eines Sportwagens mit der Praktikabilität eines VW Golf. Und selbst die vielfach als störend empfundenen VW-Bauteile verschwanden nach und nach, sodass der 924 am Ende der Produktion im Jahr 1988 endlich als echter Porsche angenommen wurde.

▶ Bild oben: Anfangs kam der Porsche 924 recht schmalbrüstig zu den Kunden. Doch im Laufe der Jahre legte Porsche mit gewagten Zweifarb-Lackierungen und breiten Rädern nach.

Bild unten: Der Turbo durfte sogar einen Lufteinlass auf der Haube tragen, um die Thermik des aufgeladenen Vierzylinders zu verbessern.

Produktion	1976–1988
Stückzahl	mehr als 150.000
Bauart	R4-Zylinder
Steuerung	SOHC
Hubraum (l)	2,0–2,5
Leistung (PS)	160
bei UPM	5.900
Höchstgeschw. (km/h)	220
Preisspiegel 2015 (in Euro)	Porsche 924 S
Zustand 1	18.000
Zustand 2	12.500
Zustand 3	7.200
Wertentwicklung	

Tipp: Der 924 S mit Katalysator ist für den Alltag die beste Version.

74 *Porsche 928*

Der 924 zu einfach, der 911 zu teuer? Was bleibt, ist der Porsche 928. Jenes GT-Luxus-Coupé der 1980er-Jahre, das einstmals den 911er ablösen sollte. Doch der Plan scheiterte.

Die Geschichte ist legendär und tausendmal erzählt. Deshalb sei an dieser Stelle nur kurz erwähnt, dass der Versuch, mit dem Porsche 928 den 911er abzulösen, schon nach relativ kurzer Zeit als gescheitert betrachtet werden musste. Das Auto war einfach zu groß und zu schwer, um den eingefleischten Sportwagenfans als Ersatz für die Fahrmaschine mit dem kreischenden Boxermotor zu dienen. Dennoch hatte der Porsche 928 seine Berechtigung. Zu Beginn seiner Bauzeit bot das V8-Coupé mit 240 PS aus 4,5 Litern Hubraum eine veritable Größe. Seine modern

▶ Sorgsam entwickelte Porsche den 928 immer weiter. Nahezu alle wegweisenden Technologien fanden Einzug in das Spitzenmodell der Marke. Zum Schluss geriet den Zuffenhausenern das Coupé allerdings so teuer, dass selbst die betuchte Stammklientel sich dem Auto verweigerte.

gestylte Karosserie und sein aufwendiges Fahrwerk mit dem Transaxle-Antrieb machten das Auto zu einem repräsentativen und komfortablen Reisecoupé, das in einer Ebene mit dem SLC von Mercedes oder dem 6er BMW stand. Später legte Porsche zunächst mit dem 300 PS starken 928 S nach, um gegen Ende der Bauzeit das Auto noch einmal gründlich zu überarbeiten. Eine breitere Karosserie und ein inzwischen auf 350 PS erstarkter V8 machten den 928 GTS zum Konkurrenten von Modellen wie dem BMW 850 CSi. Nach fast 20 Jahren beendete Porsche die Produktion im Jahr 1995. Bislang wartet das Modell im Dornröschenschlaf auf seine Entdeckung als Klassiker.

Produktion	1977–1995
Stückzahl	61.056
Bauart	V8-Zylinder
Steuerung	OHC
Hubraum (l)	4,5–5,4
Leistung (PS)	240
bei UPM	5.500
Höchstgeschw. (km/h)	230
Preisspiegel 2015 (in Euro)	Porsche 928
Zustand 1	28.000
Zustand 2	16.500
Zustand 3	9.200
Wertentwicklung	

Tipp: Meiden Sie Langsteher, denn die Technik des 928 hasst Stillstand. Reparaturen und Teile sind unverhältnismäßig teuer.

75 Porsche 959

Als Supersportwagen der 1980er-Jahre hing das Poster des Porsche 959 in nahezu jedem zweiten Jungs-Kinderzimmer. Heute ist der High-Tech-Sportwagen vor allem auf Messen und in Automobilsammlungen anzutreffen.

Mit dem Porsche 959 bauten die Zuffenhausener 1986 den Sportwagen des Jahrzehnts. Kein anderes Auto enthielt soviel technische Innovationen wie der aus dem Rallye-Auto entwickelte 959. Nachdem Porsche mit allradgetriebenen 911er G-Modellen bei der Rallye Paris–Dakar Erfolge gefeiert hatte, nutzte man das Know-how und baute den komplexen Antrieb in veränderter Form auch in den Supersportwagen 959. Mit einem Wahlschalter konnte der Fahrer dabei bestimmen, wie die

▶ Für Porsche war es ein Technologieträger, für die Kunden ein Statussymbol. Der Porsche 959 dokumentierte bei seinem Erscheinen das technisch machbare und bot einen Ausblick in die Zukunft des Autofahrens.

Antriebsverteilung aussehen sollte. Der 450 PS starke Boxermotor mit Registeraufladung sorgte dann dafür, dass es zügig vorwärts ging. Dazu gab es weitere technische Leckereien. So konnte das Fahrwerk elektronisch verstellt werden und der Reifendruck der speziell für den Porsche 959 entwickelten Bridgestone-Reifen RE 71 unterlag ebenfalls einer elektronischen Überwachung. Überwacht wurden auch die 292 Käufer des Technologieträgers, denn Porsche bestimmte, dass diese das Auto mindestens ein Jahr auf sich zulassen mussten, um Spekulationen mit dem damals 420.000 DM teuren Modell einen Riegel vorzuschieben.

Produktion	1987–1989
Stückzahl	292
Bauart	B6-Zylinder
Steuerung	DOHC
Hubraum (l)	2,85
Leistung (PS)	450
bei UPM	6.500
Höchstgeschw. (km/h)	317
Preisspiegel 2015 (in Euro)	Porsche 959
Zustand 1	1.328.000
Zustand 2	816.500
Zustand 3	489.200
Wertentwicklung	

Tipp: Suchen Sie das Poster von damals wieder hervor, denn bei dem aktuellen Preisniveau ist ein Erwerb eher unwahrscheinlich.

76 *Porsche 968*

Schon zu Lebzeiten war der Porsche-944-Nachfolger mit dem Typenkürzel 968 eine Rarität. Heute gilt er als einer der besten Porsche überhaupt.

Sleeping Beauty. Wenn ein Auto diese Bezeichnung verdient, dann wohl der Porsche 968. Denn bei all dem Hype um das Modell 911 ist der Nachfolger von Porsche 924 und 944 völlig in Vergessenheit geraten. Ab 1991 ersetzte Porsche den in die Jahre gekommenen 944 durch das Modell 968. Optisch änderte Porsche aus Kostengründen nur die Front- und Heckschürze, das Stahlskelett blieb weitgehend unverändert. Dies galt auch für den Innenraum, bei dem Porsche nur geringfügige Änderungen zum letzten Baujahr des 968 durchführte. Viel Feinarbeit investierte Porsche dagegen in die Technik. Der 3,0-Liter-Vierzylinder bekam eine variable Nockenwellenverstellung sowie eine modifizierte Kurbelwelle. Mit 240 PS war er ausreichend kräftig, um das windschnittige Coupé 252 km/h schnell zu machen. Allerdings war vielen Kunden das Modell zu teuer, weshalb die Absatzzahlen nicht die Erwartungen erfüllten. Porsche konterte mit einem karg ausgerüsteten „CS"-Modell, das technisch zwar unverändert war, durch das Weglassen von Komfort-Extras aber 50 kg weniger wog und rund 12.000 DM weniger kostete. Mit mäßigem Erfolg, denn der 968 blieb ein Mauerblümchen, woran auch das Cabriolet nichts ändern konnte.

▶ Bild oben: Porsche lieferte den 968 sowohl als Coupé als auch als Cabriolet aus. Dieses fand aber nur 3.959 Käufer.

Bild unten: Um den Absatz anzukurbeln, legte Porsche den preiswerten 968 CS nach. Er steht bei Fans hoch im Kurs, erreicht aber nicht die Fahrleistungen des seltenen TurboS.

Produktion	1991–1995
Stückzahl	11.241
Bauart	R4-Zylinder
Steuerung	DOHC
Hubraum (l)	2,0
Leistung (PS)	240
bei UPM	6.200
Höchstgeschw. (km/h)	252
Preisspiegel 2015 (in Euro)	Porsche 968
Zustand 1	30.000
Zustand 2	17.200
Zustand 3	15.800
Wertentwicklung	

Tipp: Der 968 ist eine der wenigen Möglichkeiten, einen bezahlbaren Porsche zu fahren, ohne im Unterhalt die Altersvorsorge verfeuern zu müssen.

# 77 — Porsche Boxster

Keine geringere Rolle als die des Unternehmensretters kommt dem Porsche Boxster zu. Erste Modelle des Nachfolgers des legendären Porsche 550 werden bald schon 20 Jahre alt.

Chancen, mit einem Youngtimer einen finanziellen Gewinn zu machen, sind selten, aber wenn sie sich bieten, dann sollte man nicht zögern und zugreifen. Beim Porsche Boxster der ersten Generation (986) fällt es nicht schwer, die Vorhersage für eine glorreiche Zukunft zu treffen. Angelehnt an den Porsche 550 Spyder, verdrehte bereits die erste Studie zu dem Boxster den Fans den Kopf. Als dann 1996 das Serienmodell bei den Händlern stand, gab es kein Halten mehr. Die Kunden rissen Porsche den Zweisitzer mit dem Softtop quasi aus den Händen, obwohl es zunächst nur eine milde Version

▶ **Die Rettung für Porsche.** Mit dem Boxster kamen die Zuffenhausener zurück in die Spur. Die gewagten Innenraumfarben waren gegen Ende der 1990er-Jahre durchaus üblich und sorgen aktuell (noch) für Preisabschläge. Doch möglicherweise sieht das der Sammler in ein paar Jahren anders.

mit 204 PS gab. Es folgen zahlreiche Motor-Varianten und eine behutsame Verbesserung im Detail. Bereits wenige Monate nach Serienanlauf stieg die Nachfrage derart an, dass Porsche ab 1997 einen Großteil der Produktion nach Finnland auslagerte. Bis 2004 erfolgte die sukzessive Anpassung der Leistung auf immerhin 260 PS, wobei das im Frühjahr 2004 aufgelegte Sondermodell, dank des Motors des Nachfolgers, diese Marke noch einmal um 5 PS übertraf. Und auch wenn es jahrelang wegen der hohen Anzahl an Gleichteilen mit dem Porsche 911 Kritik gab, bleibt die Rolle des Boxsters als Retter des taumelnden Sportwagenherstellers unbestritten.

Produktion	1996–2004
Stückzahl	109.213
Bauart	B6-Zylinder
Steuerung	DOHC
Hubraum (l)	2,5–3,2
Leistung (PS)	260
bei UPM	6.200
Höchstgeschw. (km/h)	264
Preisspiegel 2015 (in Euro)	Porsche Boxster S
Zustand 1	22.000
Zustand 2	16.500
Zustand 3	14.200
Wertentwicklung	👍

Tipp: Das auf 1.953 Stück limitierte Sondermodell „50 Jahre 550 Spyder" verspricht die ideale Verbindung von Fahrspaß und Gewinn.

78 *Range Rover*

Ein Klassiker besonderer Art und Güte ist der Range Rover. Luxus und Geländegängigkeit vereinte er schon in den frühen Siebzigern, bevor er in den Achtzigerjahren zum Lifestyle-Auto wurde.

Es ist das klassische Bild für eine Range-Rover-Werbung: Eine noble Einkaufsstraße, edle Geschäfte im Hintergrund, und davor präsent – ein Range Rover Vogue in Schwarz. So sah man es gern bei British Leyland, denn der Range Rover sollte seinen Besitzern nicht nur die Überlegenheit im Gelände, sondern auch auf der Straße vermitteln. Die Zutaten waren ebenso einfach wie wirkungsvoll. Die Briten schnallten unter die zunächst nur dreitürig lieferbare Karosserie (einen Viertürer gab es erst ab Anfang der 1980er-Jahre) ein geländegängiges Fahrgestell und ließen das Ganze von einem kräftigen V8-Motor antreiben. Fertig war das erste Luxus-SUV. Im späteren Verlauf kam dann noch ein Turbo-Dieselmotor dazu, aber wer es stilvoll liebte, nahm den V8, der ab 1989 auf immerhin 3,9 Liter wuchs. Doch bei aller Noblesse hatte der Range Rover auch Schattenseiten. Seine bisweilen liederliche Verarbeitung und der allgegenwärtige Rost durchziehen seinen Lebenslauf wie ein roter Faden. Dazu kommen die permanente Undichtigkeit der Antriebsaggregate und eine Elektrik, bei der es mehr Glück ist, wenn am anderen Ende der Leitung Strom ankommt. Doch wer je das erhebende Fahrgefühl in einem Range erlebt hat, den werden solche Malaisen kaum davon abhalten, sich für den Engländer zu begeistern.

▶ Lange Jahre gab es den Range Rover ausschließlich mit zwei Türen. Erst in den 80er-Jahren kam der von Monteverdi entwickelte Viertürer auf den Markt. Spätestens von da an war der Range als Limousinenersatz akzeptiert. Speziell die edlen Vogue-Versionen sind heute beliebt.

Produktion	1970–1994
Stückzahl	ca. 351.000 (alle Versionen)
Bauart	V8-Zylinder
Steuerung	k.A.
Hubraum (l)	3,9
Leistung (PS)	173
bei UPM	4.450
Höchstgeschw. (km/h)	173
Preisspiegel 2015 (in Euro)	Range Rover 3,9i
Zustand 1	k.A.
Zustand 2	19.300
Zustand 3	12.500
Wertentwicklung	

Tipp: Ohne eine gute und spezialisierte Werkstatt ist der Unterhalt eines Range Rover schwierig. Unzählige Kleinigkeiten können Nerven kosten – standhaft bleiben, es lohnt sich.

79 *Renault 5 turbo*

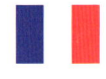

Produktion	1980–1986
Stückzahl	1.690 (1.Serie), 3.180 (2.Serie)
Bauart	R4-Zylinder
Steuerung	OHC
Hubraum (l)	1,4
Leistung (PS)	160
bei UPM	6.000
Höchstgeschw. (km/h)	200
Preisspiegel 2015 (in Euro)	Renault 5 turbo
Zustand 1	k.A.
Zustand 2	76.500
Zustand 3	60.200
Wertentwicklung	

Der Renault 5 turbo ging als wilder Sportwagenersatz in die Geschichte ein. Breite Kotflügel, fette Gummiwalzen und im Innenraum nur zwei Sitze machten deutlich, dass dieser R5 etwas besonderes war. Und spätestens, wenn man hinter die mächtigen Kühlluftöffnungen hinter den Türen blickt, entdeckt man den Heckantrieb. 160 PS leistete der 1,4 Liter in der „zahmen" Serienversion. Die zahlreichen Rennversionen verfügten über ein vielfaches an Leistung und waren seinerzeit ein Garant für heiße Renngefechte. 1981 gewann ein R 5 turbo gar die Rallye Monte Carlo. Bis 1985 produzierte Renault zwei Serien, dann wurde der R 5 turbo zur lebenden Legende.

Tipp: Nur originale und unverbastelte Modelle garantieren ein solides Investment. Achtung: Es sollen schon gefälschte R 5 turbo im Umlauf sein.

Renault 25

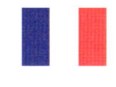

Als Nachfolger des in Deutschland wenig erfolgreichen Renault 20 und 30 kam 1984 der Renault 25 auf den Markt. Er bot reichlich Platz für Passagiere und Gepäck, modernen Frontantrieb und Motoren, die sich hinter denen der etablierten Konkurrenz nicht zu verstecken brauchten. Topaggregat war der übliche Europa V6 mit zunächst 141 PS. Damit war der Renault 25 ein komfortabler Gleiter. Dank einem Turbolader stieg die Leistung ab 1990 auf 205 PS. Doch alle Mühe war vergebens, denn auch wenn die Spitzenversion „Baccara" mit reichlich Leder und Elektronik, darunter ein sprechender Bordcomputer, daherkam – die Käufer goutierten dies nicht. Der Renault 25 blieb hierzulande ein Außenseiter, woran auch ein Facelift im Jahr 1989 nichts änderte und stellte für lange Zeit den letzten echten großen Renault da.

Produktion	1984–1992
Stückzahl	40.458 (in Deutschland verkaufte Fzg.)
Bauart	R4, V6-Zylinder
Steuerung	OHC
Hubraum (l)	1,9-2,85
Leistung (PS)	150
bei UPM	5.400
Höchstgeschw. (km/h)	208
Preisspiegel 2015 (in Euro)	Renault 25 V6 Injection
Zustand 1	k.A.
Zustand 2	1.600
Zustand 3	900
Wertentwicklung	👎

81 Renault Alpine A 610

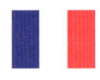

Reingefallen. Denn wer denkt, die Alpine A 610 sei ein Renault, der irrt. Der Sportwagen ist das letzte Modell des traditionellen Sportwagenherstellers Alpine und heute ausgesprochen rar.

Bis zur A 610 liefen die Sportwagen des Kleinserienherstellers Alpine immer unter dem Label von Renault vom Band. Das 1991 erstmals vorgestellte Modell A 610 brach mit dieser Tradition und hatte nur noch das Alpine-Logo an Front und Heck. Charakteristisch für den Zweisitzer waren der im Heck liegende Motor und der Heckantrieb. Dazu trug die Alpine über ihrem Stahlkorsett ein Kleid aus Plastik, was sie erstaunlich leicht und damit fahrdynamisch interessant machte. Als Triebwerk diente erneut der aus allerlei Renault-Modellen bekannte Europa V6,

▶ Wenn es nicht unbedingt ein Porsche 911 sein soll, empfiehlt sich die Alpine A 610 als Sportwagen. Doch Vorsicht, so robust wie ein 911er ist die Technik des Franzosen nicht. Insbesondere die große Hitze aus dem Motorraum macht dem Material zu schaffen.

wenngleich auch kräftig überarbeitet. Mit immerhin 250 PS sorgte der 3,0-Liter-Turbomotor aus Aluminium für Fahrleistungen auf Sportwagenniveau. Binnen 5,7 Sekunden beschleunigte die Alpine auf 100 km/h und auch das politisch korrekte Tempolimit von 250 km/h wurde erreicht. Doch der Preis von seinerzeit über 90.000 DM war vielen Kunden zu hoch, lag die Alpine doch damit auf einer Ebene mit dem Porsche 911. Nach nur vier Jahren und 818 Fahrzeugen endete die Produktion des letzten großen Sportwagens aus Frankreich und mit ihm auch die Geschichte seines traditionsreichen Schöpfers. Die Firma Alpine ging vollständig an Renault.

Produktion	1991–1995
Stückzahl	818
Bauart	V6-Zylinder
Steuerung	OHC
Hubraum (l)	3,0
Leistung (PS)	250
bei UPM	5.750
Höchstgeschw. (km/h)	265
Preisspiegel 2015 (in Euro)	Alpine A 610
Zustand 1	k.A.
Zustand 2	33.600
Zustand 3	28.900
Wertentwicklung	

Tipp: Die Alpine ist etwas für Kenner. Das Modell genießt aber in der Szene einen guten Ruf und wer seltene Franzosen mag, sollte zugreifen.

82 *Renault Avantime*

In der Kategorie Eyecatcher dürfte der Renault Avantime einen der vorderen Plätze belegen. Der coupéartige Van erregt auch heute noch Aufmerksamkeit.

Für Vans gibt es nur wenige Liebhaber in der Youngtimer-Szene. Außer dem Volkswagen-Bus finden sich kaum Mobile, die auch im Alter noch die Herzen der Liebhaber höher schlagen lassen. Eine Ausnahme dürfte der Avantime von Renault sein, der an der Schwelle zum Youngtimer steht und von dem es zunehmend weniger gute Exemplare am Markt gibt. Das von Matra im Auftrag von Renault gebaute Unikum besticht auf den ersten Blick durch seine ungewöhnliche Karosserie. Mit nur zwei Türen will der Van eher als Coupé verstanden werden, mit dem aber dennoch vier Personen kom-

▶ **Das letzte Werk von Matra. Der Renault Avantime gehört eigentlich in die Reihe der Espace-Modelle, besteht doch auch er aus Kunststoff. Nur 13 Jahre nach Produktionsende gilt das Modell bereits heute als Klassiker und steht schon in vielen Oldtimer-Sammlungen.**

fortabel von A nach B kommen können. Um mit den riesigen, rahmenlosen Türen im Alltag zurecht zu kommen, entwickelte man bei Renault spezielle Scharniere, die den Öffnungswinkel der Pforten reduzieren. Im Innenraum gibt es dann reichlich Leder und Elektronik, denn der Avantime überrascht mit einer aufwendigen HiFi-Anlage und einem serienmäßigen Navigationssystem. Dank der erprobten Motoren, von denen sich der 207 PS starke 3,0-Liter-V6 am ehesten für den Reisevan empfiehlt, kommt im Avantime sogar richtig Fahrspaß auf. Wenn es das Angebot zulässt, ist eine Version mit Automatikgetriebe zu bevorzugen.

Produktion	2001–2003
Stückzahl	8.450
Bauart	R4, V6-Zylinder
Steuerung	OHC
Hubraum (l)	2,0–3,0
Leistung (PS)	207
bei UPM	6.000
Höchstgeschw. (km/h)	220
Preisspiegel 2015 (in Euro)	Renault Avantime 3,0 V6
Zustand 1	k.A.
Zustand 2	8.600
Zustand 3	5.900
Wertentwicklung	👍

Tipp: Sichern Sie sich den Avantime jetzt. Die Preise sind (noch) auf dem absoluten Tiefpunkt, doch der Wertanstieg ist absehbar.

83 *Renault Espace*

Bei seinem Erscheinen war der Espace von Renault eine Sensation. Das lag nicht nur an seiner unkonventionellen Bauweise mit einer Kunststoffkarosserie.

Ursprünglich entwickelt wurde der Renault Espace von der französischen Firma Matra. Die Franzosen waren bis dato nur mit Sportwagen am Markt vertreten, deren Markenzeichen eine auf ein Stahlskelett montierte Kunststoffkarosserie war. Was lag also näher, als die Karosserie des Vans Espace auch aus diesem Material zu fertigen? Als Renault kam das Auto auf den Markt, weil Matra bei Abschluss der Entwicklung an dem Fahrzeug kurz vor dem finanziellen Aus stand. Der Espace wurde von Renault nahezu unverändert ins Programm über-

▶ Nur langsam entdeckt die Youngtimer-Gemeinde den Espace. Das bietet die Chance auf günstige Einstiegspreise für ein Auto, das neben seinem schrulligen Äußeren auch einen hohen Nutzwert bietet. Allerdings sind nur noch wenige gute Espace der ersten Generation im Umlauf.

nommen, was auch bedeutete, dass das Raumkonzept mit sieben separat herausnehmbaren Sitzen beibehalten wurde. Die robuste Stahlskelettkonstruktion sowie die Kunststoffkarosserie machten das Auto haltbar und leicht, sodass es mit den angebotenen Motoren überdurchschnittliche Fahrleistungen erreichte. Im späteren Verlauf rüstete Renault das Modell auf und spendierte sogar einen Allradantrieb, mit dem sich der Espace auch als Skimobil empfahl. Bis zu seiner Ablösung wurde das Modell im Matra-Werk in Romorantin gebaut.

Produktion	1984–1990
Stückzahl	191.674
Bauart	R4-Zylinder
Steuerung	OHC
Hubraum (l)	2,0–2,22
Leistung (PS)	110
bei UPM	5.000
Höchstgeschw. (km/h)	175
Preisspiegel 2015 (in Euro)	Renault Espace 2,2
Zustand 1	k.A.
Zustand 2	2.600
Zustand 3	1.900
Wertentwicklung	

Tipp: Gerade die frühen Espace sind rar. Bei der Suche auf verborgene Vorschäden achten. Die Technik ist simpel und preiswert zu reparieren. Die Teileversorgung allerdings lückenhaft.

84 Renault Fuego

Französische Coupés hatten es in Deutschland immer schwer. So auch das Coupé mit dem Namen „Fuego", das auf der Basis des Renault 18 entstand.

Für Renault schien der Fuego der große Wurf zu sein. Bereits bei seinem Debüt im Jahr 1979 stieß das Modell auf begeisterte Resonanz. 1980 bekam das Coupé das Goldene Lenkrad, eine Auszeichnung für ein besonders gelungenes Modell. Ansprechend gestylt bot das Renault-Coupé mit der durchlaufenden Plastikleiste bereits optisch mehr als seine Konkurrenten VW Scirocco oder Opel Manta. Dazu kam eine luxuriöse Innenausstattung, die vor allem die angepeilte weibliche Kundschaft entzückte. Die waren auch mit den zu Beginn angebotenen Motoren zufrieden, denn für die beschauliche Reise zum Shopping-Tempel reichten die maximal 110 PS aus den robusten Vierzylindern. Erst 1983 hatte Renault ein Einsehen und legte mit dem 132 PS starken Turbomotor aus dem Renault 18 nach. Damit ging das aerodynamisch ausgefeilte Coupé deutlich über 200 km/h und stieß so in Bereiche vor, die eigentlich dem teureren Porsche 924 vorbehalten waren. Allen Motorisierungen gleich ist dagegen die starke Aufheizung des Innenraumes bei Sonneneinstrahlung. Ein Nachteil, mit dem man leben muss, denn eine Klimaanlage war zu Lebzeiten des Fuego noch ein absolutes Luxusextra.

▶ Anders als die Mitbewerber setzte Renault beim Fuego auf runde Formen. Die eingesetzte Kunststoffleiste war innovativ und wurde schnell zum Markenzeichen des Coupés. Formelle Änderungen gab es während der Produktionszeit nicht.

Produktion	1979–1986
Stückzahl	265.257
Bauart	R4-Zylinder
Steuerung	OHC
Hubraum (l)	1,4–2,22
Leistung (PS)	110
bei UPM	5.500
Höchstgeschw. (km/h)	195
Preisspiegel 2015 (in Euro)	Renault Fuego 2,2
Zustand 1	k.A.
Zustand 2	4.600
Zustand 3	2.900
Wertentwicklung	👎

Tipp: Fuegos sind selten und meist völlig vergammelt. Wen das Coupé begeistert, der sollte sich auf eine längere Suche nach einem Top-Auto einstellen, denn eine Restaurierung lohnt nicht.

85 Rolls-Royce Silver Seraph

Der Rolls-Royce Silver Spirit war 1998 mehr als veraltet, als Rolls-Royce den Silver Seraph vorstellte. Das Auto hat es bei Liebhabern allerdings schwer.

Nur vier Jahre währte die Bauzeit des Rolls-Royce Silver Seraph. Er dürfte damit in die Firmengeschichte als der Rolls-Royce mit der kürzesten Laufzeit eingehen. Das Auto war ein Opfer der Irrungen und Wirrungen um die Rolls-Royce-Übernahme durch BMW und am Ende stimmte so vieles an dem eigentlich komplett neu konstruierten Modell nicht, das man es schlicht vom Markt nahm. An der Antriebstechnik konnte es allerdings kaum liegen, denn unter der Rolls-Royce-Haube werkelte der 5,4 Liter große 12-Zylinder von BMW aus dem 750er. Dazu bot der rundliche Rolls ein Fünfgang-ZF-Automatikgetriebe und ein elektronisch beaufschlagtes Fahrwerk. Im Innenraum enttarnten viele BMW-Anzeigen und Schalter die bayerische Herkunft des edlen Briten. Mit allem Komfort ausgestattet und in duftendes Connolly-Leder gehüllt, konnten die Passagiere nicht meckern, und doch wirkte dieser Rolls-Royce seltsam zusammengewürfelt. Dazu kam, dass vielen Kunden das Design zu barock erschien und auch die Fahrleistungen nicht dem entsprachen, was man sich um die Jahrtausendwende von einem 440.000 DM teuren Auto versprach. BMW zog die Notbremse und stellte die Produktion des Autos 2002 ein.

▶ Bayerisches Innenleben von BMW traf bei dem Rolls-Royce Silver Seraph auf englisches Außendesign. Hergestellt wurde der „Engel" in Crewe. Ab 1998 gebaut, gingen seine Ursprünge in der Entwicklung jedoch schon auf die späten 1980er-Jahre zurück.

Produktion	1998–2002
Stückzahl	1.570
Bauart	V12-Zylinder
Steuerung	OHC
Hubraum (l)	5,4
Leistung (PS)	326
bei UPM	5.000
Höchstgeschw. (km/h)	225
Preisspiegel 2015 (in Euro)	Rolls-Royce Silver Seraph
Zustand 1	95.000
Zustand 2	54.600
Zustand 3	38.900
Wertentwicklung	

Tipp: Endlich ein Rolls-Royce, bei dem die Unterhaltskosten dank stabiler BMW-Technik überschaubar sind. Ebenso wie die Anschaffungskosten, denn ein Silver Seraph ist, gemessen am Neupreis, aktuell ein Schnäppchen.

86 Rolls-Royce Silver Spur

Für Menschen mit besonderem Platzbedarf baute Rolls-Royce ab 1980 den Silver Spur. Das Auto basierte auf dem Silver Spirit und ist bis heute ein äußerst repräsentatives Gefährt.

Als Parallelmodell zu dem erfolgreichen Silver Spirit konnte Rolls-Royce die Kunden mit besonderem Repräsentationsbedarf mit einer um 160 mm verlängerten Version namens Silver Spur versorgen. Technisch änderte man an der antiken Technik zunächst nichts, denn die Kunden waren mit dem Gebotenen zufrieden. Die kurzfristig lancierte Version Flying Spur mit einem V8-Turbomotor blieb mangels Nachfrage nur ein Jahr im Programm. Rolls-Royce verkaufte hiervon 134 Autos, dann verschwand der Typ wieder in der Versenkung. Die Kunden der Modelle mit Saugmotor konnten sich im Laufe der Zeit an verschiede-

▶ Dass der Silver Spur ein altes Auto ist, sieht man sofort. Trotzdem ist die Art des Fahrens in dem Rolls-Royce noch immer eine ganz eigene Welt, die auch von modernen Luxuslimousinen nur schwer übertroffen wird. Aktuell ist der Rolls preiswert wie nie.

nen Modellpflegemaßnahmen erfreuen, etwa an der Optimierung des Fahrwerks mit einer Hydropneumatik an der Hinterachse oder der Verbesserung des Motors. Ab 1997 stellte der Hersteller dann die Motorentechnik um und bot den Silver Spur ausschließlich mit einem aufgeladenen V8-Aggregat an. Zu diesem Zeitpunkt hatte Rolls-Royce auch die Optik des in die Jahre gekommenen Luxusliners modernisiert, bevor die Produktion 1998 eingestellt wurde. Während der Bauzeit entstanden etwa gleich viele Silver Spirit und Silver Spur, davon viele als Rechtslenker.

Produktion	1998–2002
Stückzahl	8.833
Bauart	V8-Zylinder
Steuerung	OHC
Hubraum (l)	6,7
Leistung (PS)	248
bei UPM	k.A.
Höchstgeschw. (km/h)	k.A.
Preisspiegel 2015 (in Euro)	Rolls-Royce Silver Spur
Zustand 1	25.000
Zustand 2	17.600
Zustand 3	8.900
Wertentwicklung	👍

Tipp: Einen Rolls-Royce zu kaufen ist das eine. Den Unterhalt zu bezahlen das andere. Halten Sie deshalb immer einen satten vierstelligen Betrag für Reparaturen bereit.

87 *Saab 900*

Der Saab 900 ist der Klassiker für Individualisten. Mit dem Ableben der Marke ist das Modell noch reizvoller geworden. Dabei muss es nicht zwingend das Topmodell 16 S sein.

Saab: Das waren doch die ulkigen Autos aus Schweden, die vornehmlich von Architekten und Psychologen gekauft wurden! Und da es davon offenbar zu wenig gab, ging die Marke vor wenigen Jahren pleite. Der Saab 900 spielt bei der Historie der Marke eine Schlüsselrolle, denn zu seinen Lebzeiten war Saab am erfolgreichsten und verdiente richtig Geld. 1978 kam der buckelige Schwede als Ergänzung zum Saab 99 auf den Markt und begeisterte mit seinen eigenwilligen Details und seiner geräumigen Karosserie. Eine große Heckklappe erleichterte die Besuche im schwedischen Möbelhaus und eine serienmäßige Sitzheizung sorgte für eine warme Heimreise. Ab 1980 gab es als zusätzliche Version eine viertürige Limousine mit separatem Kofferraum. Sechs Jahre später sorgte das Cabriolet für Bewegung im Markt. Motorisch bot der Saab neben den einfach konstruierten Saugmotoren vor allem Turbofreunden verschiedene Modelle an. Die Topversion besaß neben einem elektronisch gesteuerten Abgasturbolader einen 16-Ventil-Zylinderkopf und eine Ladeluftkühlung. Der als Saab 900 16 S verkaufte Top-900er erlangte schnell Liebhaberstatus und zählt seit langem zu den begehrten Youngtimern.

▶ Bild oben: Das elegante Fließheck des Saab 900 Coupé macht aus der exklusiven Reiselimousine ein Multitalent. Ganze Ikea-Schränke passen unter die Glaskuppel.

Bild unten: Das bügellose Saab-Cabriolet war der perfekte Gegenentwurf zum 3er BMW. Nur dass der Saab noch mal etwas teurer war.

Produktion	1978–1994
Stückzahl	908.810
Bauart	R4-Zylinder
Steuerung	OHC, DOHC
Hubraum (l)	2,0
Leistung (PS)	100–175
	(160 mit Kat)
bei UPM	5.500
Höchstgeschw. (km/h)	210
Preisspiegel 2015 (in Euro) Saab 900 16 S	
Zustand 1	k.A.
Zustand 2	12.600
Zustand 3	8.900
Wertentwicklung	👍

Tipp: Wer sich in die Form und den Saab-Style verguckt hat, braucht nicht unbedingt einen teuren Turbo. Die Saugermodelle laufen auch gut und machen kaum Ärger. Die Teileversorgung ist für alle Saab-Modelle relativ gut.

88 *Seat Ibiza*

Spanien hat nur wenige Automobile zu bieten, die für Youngtimer-Freunde interessant sind. Der erste Ibiza könnte dazu gehören.

Zwischen 1984 und 1993 baute Seat den ersten Ibiza, einen von Giorgetto Giugiaro gestylten Kleinwagen, der gleich durch mehrere Besonderheiten auf sich aufmerksam machte. Zunächst einmal mischte der Ibiza seine Klasse optisch auf. Denn während bis zu seinem Erscheinen die pure Vernunft das Design beherrscht hatte, sorgte der attraktiv gestylte Ibiza für echte Abwechslung im Kleinwagensegment. Die zweite Besonderheit war der von Porsche entwickelte Motor, den Seat in drei Größen anbot. Mit bis zu 103 PS ging der kleine Spanier erstaunlich gut und bestach vor allem mit seiner Handlichkeit. Dass die Qualität

▶ Als preiswerter Kleinwagen gestartet und heute auf dem Weg zum Design-Statement. Der Seat Ibiza gehört ohne Frage zu den großen Entwürfen von Giugiaro. Die Ähnlichkeit zum Golf kann er dabei nicht verleugnen.

des in Barcelona gefertigten Autos nicht mit der anderer Hersteller mithalten konnte, störte die Kunden wenig. Zu sehr sahen sie in dem Ibiza das preiswerte und praktische Transportmittel. Ein Versuch, das Auto auch als Cabriolet am Markt zu platzieren, scheiterte, da Seat nicht genug Käufer vermutete. Hin und wieder tauchen allerdings nachträglich geöffnete Ibiza auf dem Markt auf, die Frischluftvergnügen für kleines Geld versprechen. 1993 stellte Seat nach der Übernahme durch VW den Ibiza I ein und verkaufte die Produktionsanlagen nach China, wo das Modell mit geringfügigen Änderungen noch bis 2003 produziert wurde.

Produktion	1984–1993
Stückzahl	1.308.461
Bauart	R4-Zylinder
Steuerung	OHC
Hubraum (l)	0,9–1,7
Leistung (PS)	40-100
bei UPM	5.800
Höchstgeschw. (km/h)	155
Preisspiegel 2015 (in Euro)	Seat 1,2 l
Zustand 1	k.A.
Zustand 2	1200
Zustand 3	800
Wertentwicklung	👎

Tipp: Frühe Ibiza in der Top-Version GLX sind in der Szene inzwischen beliebt. Etwas Geduld bei der Suche zahlt sich aus.

89 *Subaru Libero*

Einen Kleinbus hätten Sie gerne, dazu mit zwei Schiebetüren, großem Schiebedach und dann noch mit Allrad. Gibt's nicht? Doch, von Subaru. Den Libero.

Es ist eines der schrulligsten Mobile der 1980er-Jahre. Der Subaru Libero ist so etwas wie eine eierlegende Wollmilchsau. Der nur 3,40 Meter lange Minivan beinhaltet neben insgesamt sechs Sitzplätzen auch technisch einige Besonderheiten, die das Auto für Liebhaber interessant machen. Für den Vortrieb des Subaru sorgt ein Dreizylinder im Heck. Mit Mini-Hubräumen von 1,0 und 1,2 Litern bietet das Aggregat aber nur die bescheidene Leistung von 50 PS. Eigentlich überflüssig zu erwähnen, dass diese Leistung mit Heckantrieb und Heckmotor problemlos auf die Straße

▶ Der Libero ist immer im Spiel, sei es als bergtauglicher Touristikbus oder als Handwerkermobil. Heutzutage sind Liberos hierzulande fast ausgestorben, denn kaum jemand möchte sich um die Rostwunden des Arbeitstiers kümmern. Die verbliebenen Liberos beginnen im Wert zu steigen.

gebracht werden konnte, doch Subaru wäre nicht der größte Allrad-Pkw-Hersteller der Welt, wenn nicht auch dieses Modell einen Allradantrieb hätte. Per Knopfdruck lässt sich die Vorderachse zuschalten und der Libero wird zur Bergziege. Damit man das Ziel an der Bergspitze auch sehen kann, gibt es ein großes Stahlschiebedach. Spätere Modelle haben auch Glasfenster im Dach. Auch in den Details kann der Subaru überraschen, denn die Vordersitze sind sogar drehbar und die restliche Bestuhlung herausnehmbar. Der Subaru kann so sogar zum Wohnmobil umfunktioniert werden. Ab 1986 wertete Subaru das Modell mit einem geregelten Katalysator auf.

Produktion	1984–1998
Stückzahl	k.A.
Bauart	R3-Zylinder
Steuerung	OHC
Hubraum (l)	1,0–1,2
Leistung (PS)	50–55
bei UPM	4.600
Höchstgeschw. (km/h)	155
Preisspiegel 2015 (in Euro)	Subaru Libero
Zustand 1	k.A.
Zustand 2	4.200
Zustand 3	1.800
Wertentwicklung	👍

Tipp: Rost ist das zentrale Problem des Libero. Spätere Modelle (ab 1993) profitieren von einem guten Korrosionsschutz.

90 *Subaru SVX*

Ein sportliches Coupé mit einem Sechszylinder-Boxermotor. Das muss doch ein Porsche sein, oder? Falsch, denn Subaru hatte mit dem SVX Coupé die gleiche Kombination am Start.

Subaru verblüfft beim Thema Youngtimer immer wieder. Diesmal mit einem optisch sonderbar anmutenden Coupé namens SVX. Das Auto war als Nachfolger des Subaru XT gedacht, allerdings preislich deutlich höher positioniert. Grund war der extra für dieses Modell entwickelte Sechszylinder-Boxermotor mit Vierventiltechnik, der aus 3,3 Litern Hubraum immerhin 230 PS mobilisierte. Allerdings nicht solche, die überfallartig über das Viergang-Automatikgetriebe herfielen, sondern solche, die schön sanft das knapp zwei Tonnen schwere

▶ Das Design des Subaru polarisierte zwar, aber wer mit dem Japaner unterwegs war, erkannte das Potential des Autos. Der SVX war eher ruhiger Cruiser als stürmischer Brecher. Deswegen gab es ihn auch nur mit Automatikgetriebe. Praktisch war er obendrein: Die Rückbank konnte man umlegen.

Coupé anschoben. Und das hatte natürlich auch Allradantrieb, variabel aufgeteilt und in der Lage, selbst aus unglücklichsten Situationen das Auto wieder flott zu bekommen. In einigen Ländern gab es den SVX sogar mit einem sperrbaren Hinterachsdifferential. Für die Liebhaber der gehoben Ausstattung hatte der Subaru natürlich auch etwas zu bieten. Leder war Serie und wo man hinsah, war der SVX entweder mit Alcantara oder mit Holzimitat verkleidet. Doch egal, wie man auch mit derlei Blendwerk zurechtkommt – was unbestritten ist, ist, dass der Subaru hierzulande eine echte Rarität darstellt, die zudem zum Schnäppchenpreis zu haben ist.

Produktion	1991–1997
Stückzahl	2.478 (Europa)
Bauart	B6-Zylinder
Steuerung	DOHC
Hubraum (l)	3,3
Leistung (PS)	220–230
bei UPM	5.400
Höchstgeschw. (km/h)	220
Preisspiegel 2015 (in Euro)	Subaru SVX
Zustand 1	k.A.
Zustand 2	7.200
Zustand 3	5.800
Wertentwicklung	👍

Tipp: Mängel hat der Subaru kaum. Allenfalls das Automatikgetriebe nimmt einem eine allzu sportliche Fahrweise übel. Es gilt als unterdimensioniert.

91

Toyota MR2

Der MR2 der ersten Generation war das Traumauto der 1980er-Jahre-Jugend. Zwei Sitze, T-Top und reichlich Dampf machten ihn als Discoflitzer beliebt. Ein Grund, warum nur wenige überlebten.

Irgendwann hatte man ihn zuletzt gesehen. Nur wann. Denn so genau beziffern lässt sich das Ende der Toyota-MR2-Population auf unseren Straßen nicht. Die Zeit nach „Manta, Manta" und „Manta – Der Film" war auch für den MR2 das Ende. Kaum jemand mehr interessierte sich für den seit 1984 gebauten Zweisitzer mit dem Heckmotor. Zu klein, zu laut und zu heiß, dazu einfach zu unpraktisch, lautete auch für diesen Sportwagen der kleinen Leute das Urteil. Zudem schafften Kadett GSI und Co. die gleichen Fahrleistungen, ohne die Nachteile des MR2 zu bieten. Dazu waren sie auch noch Kinder-

▶ Mit dem MR2 ging es durchaus sportlich ums Eck. Zur Not auch mal in die Steilkurve, wie die Aufnahmen beweisen. Das Auto hatte alles, was ein Sportwagen braucht. Allerdings verlangt der MR2 wegen seines Mittelmotors eine kundige Hand im Grenzbereich.

sitz-kompatibel. Dabei konnte der kleine Toyota fahrdynamisch überzeugen. Als Antrieb diente ein 1,6-Liter mit 124 PS aus dem Toyota Corolla, der mit dem Fünfgang-Getriebe hinter den Insassen verblockt war und das nur 1.000 Kilogramm schwere Coupé munter antrieb. Dazu kam ein aufwendiges Fahrwerk, das den Fahrspaß mit dem Mittelmotorauto für den Könner nochmals erhöhte. Wer wollte, konnte aus dem MR2 sogar ein „Fast-Cabriolet" machen, indem er das optional lieferbare Targa-Dach unter der vorderen Haube verstaute. Doch all das half nicht, 1989 war Schluss mit dem MR2 der ersten Generation. Der Nachfolger war dann deutlich runder in der Form, mit mehr Komfort und weniger Stil.

Produktion	1984–1989
Stückzahl	2.478 (Europa)
Bauart	R4-Zylinder
Steuerung	DOHC
Hubraum (l)	1,5–1,6
Leistung (PS)	116–124
bei UPM	5.400
Höchstgeschw. (km/h)	200
Preisspiegel 2015 (in Euro)	Toyota MR2
Zustand 1	k.A.
Zustand 2	7.200
Zustand 3	5.800
Wertentwicklung	👍

Tipp: MR2 leiden oftmals an Motorschäden wegen Überhitzung. Darum die Kopfdichtung mit dem CO_2-Test prüfen.

92 Toyota Supra

Viel Dampf für wenig Geld. Das bietet derzeit (noch) die Supra von Toyota. Doch Vorsicht: Der Motor macht Probleme.

Die dritte Generation der Supra von Toyota ist für die Liebhaber großer Reisecoupés ein Muss. Das Auto wurde erstmals 1986 vorgestellt und wich vor allem in der Größe deutlich von seinen Vorgängern ab. Mit 4,60 Metern Länge wurde aus dem einst wendigen Sportwagen ein großes GT-Coupé, das sich auf langen Autobahnetappen wohler fühlte als auf winkligen Landstraßen. Zu diesem hohen Maß an Fahrkomfort trug vor allem der komfortable Antrieb bei. Grundsätzlich versah in der Supra ein Sechszylinder-Reihenmotor seinen Dienst, dessen Hubraum in Europa mit 3,0 Litern ein stattliches Maß erreichte. Mit

▶ Die Supra von Toyota hatte es in Deutschland schwer. Den einen war sie zu groß und komfortabel um als echter Sportwagen durchzugehen, den anderen fehlte das Image, das ein Luxuscoupé nun einmal braucht, will es in etablierte Kreise vorstoßen.

204 PS war das Auto allerdings eher durchschnittlich motorisiert, weswegen Toyota ab 1991 eine Version mit Turbolader nachlegte. Die so erreichten 235 PS machten aus dem Auto einen Konkurrenten für die SEC-Modelle von Mercedes oder für das 6er-Coupé von BMW. Zu den weiteren Merkmalen der Supra gehörte auch ein herausnehmbares Targa-Dach, das aus dem Auto (fast) ein Cabriolet machte. Zahlreiche Motorschäden der Turbo-Version ruinierten allerdings den Ruf so nachhaltig, dass das Auto in Europa nie zu einem richtigen Verkaufsschlager wurde.

Produktion	1986–1992
Stückzahl	k.A.
Bauart	R6-Zylinder
Steuerung	OHC
Hubraum (l)	3,0
Leistung (PS)	204–238
bei UPM	5.600
Höchstgeschw. (km/h)	245
Preisspiegel 2015 (in Euro)	Toyota Supra
Zustand 1	k.A.
Zustand 2	12.200
Zustand 3	7.800
Wertentwicklung	👎

Tipp: Die Fahrleistungen und der hohe Komfort verführen einen zum Turbomodell. Dessen Zylinderkopfdichtung ist aber die Achillesferse. Ersatzteile sind teuer.

93 Volkswagen Corrado

„So stellen wir uns einen Sportwagen vor", titelte einst die Volkswagen-Werbung zum Corrado. Dass das Konglomerat aus Passat- und Golf-Teilen kein waschechter Sportwagen war, wurde aber schnell deutlich.

Das mit dem Sportwagen konnte Volkswagen anno 1988 noch nicht so richtig. Der vorgestellte Volkswagen Corrado präsentierte allenfalls ein gut motorisiertes Golf-Coupé, denn sein mittels eines G-Laders aufgepumpter 1,8-Liter-Vierzylinder kam gerade einmal auf 160 PS. Und auch optisch war der Corrado mehr biederer Bauernschick als rassiger Renner. Zahlreiche Passat-Anbauteile und eine eher belanglose Silhouette machten die Käufer nicht wirklich an. Dafür konnte der Corrado in Sachen Fahrdynamik punkten, denn das aus Bauteilen des Golf und des Passat zusammengesetzte Fahrwerk ließ das Coupé flott um die Ecken gehen. Auf der Autobahn sorgte dagegen ein ab 120 km/h elektrisch ausfahrbarer Heckspoiler für gute Bodenhaftung. Für Käufer, die es etwas gemütlicher angehen wollten, offerierte VW für das bei Karmann gebaute Coupé noch Motoren mit 115 und 139 PS. Richtig sportlich wurde der Corrado erst als VR6, denn dessen 190 PS an der Vorderachse katapultierten das Auto plötzlich in Bereiche, in denen sich auch ein Porsche 944 aufhielt.

▶ Die Linie des Corrado ist äußerst sachlich. Veränderungen gab es während der Bauzeit nicht. Nur unter dem Blech sorgte die Einführung des VR-6-Motors für etwas Exotik und sportwagenähnliche Fahrleistungen. Die meisten Corrados liefen aber mit dem 160 PS-G60-Motor vom Band.

Produktion	1988–1995
Stückzahl	97.521
Bauart	R4, VR6-Zylinder
Steuerung	OHC, DOHC
Hubraum (l)	1,8–2,9
Leistung (PS)	115–190
bei UPM	5.800
Höchstgeschw. (km/h)	235
Preisspiegel 2015 (in Euro)	Volkswagen Corrado VR6
Zustand 1	10.000
Zustand 2	7.200
Zustand 3	4.800
Wertentwicklung	

Tipp: Bis auf das Rasseln der Steuerkette der Nockenwellen ist der VR6-Motor im Corrado erste Wahl. Bei den Vierzylindern bietet der 16 V viel Gegenwert. Corrados mit Automatik besser meiden – sie gelten als unverkäuflich.

94 Volkswagen Golf Cabriolet

Produktion	1979–1993
Stückzahl	k.A.
Bauart	R4-Zylinder
Steuerung	OHC
Hubraum (l)	1,5–1,8
Leistung (PS)	70–112
bei UPM	5.500
Höchstgeschw. (km/h)	173
Preisspiegel 2015 (in Euro)	Volkswagen Golf Cabriolet
Zustand 1	8.000
Zustand 2	5.200
Zustand 3	3.800
Wertentwicklung	👍

Der Golf I war schon früh Objekt der Begierde der Autofans. Doch zuerst konzentrierte sich das Interesse ausschließlich auf den sportlichen Golf GTI. Zunehmend wird aber auch das deutlich länger produzierte Golf Cabriolet der ersten Generation interessant. Wohl auch deswegen, weil es vom Golf II kein entsprechendes Modell gab. Zu unterscheiden sind dabei generell zwei Varianten des Golf Cabriolets. Die frühen „puristischen" Modelle mit den schmalen Plastikstoßfängern und den zierlichen Blechrädern hatten anfangs schwer mit dem Rost zu kämpfen und sind heutzutage entsprechend rar.

Tipp: Originale Golf Cabriolets der Sondermodelle Quartett, Classic Line oder Etienne Aigner sind Raritäten und gute Wertanlagen, die auch noch Spaß machen.

Volkswagen Golf Country

Als Grundlage für den Golf Country diente ein Golf II syncro, der mit 98 PS nicht gerade übermotorisiert war. Mangels Differentialsperren ging es im Gelände nicht so richtig voran, mangels Leistung aber auch nicht auf der Straße. Der Golf Country lief unter Aufbietung aller Kräfte nur 155 km/h. VW versuchte, mit etwas Lametta nachzuhelfen. Es entstand das Sondermodell Chrom, das mit beigefarbenen Ledersitzen und viel Chromschmuck lockte. 42.000 DM kostete so ein aufgepeppter Golf Country. Zuviel, denn die Kunden verstanden das Auto nicht, sodass nach 18 Monaten Schluss war mit dem Geländeabenteuer von Volkswagen.

Produktion	1990–1991
Stückzahl	7.735
Bauart	R4-Zylinder
Steuerung	OHC
Hubraum (l)	1,8
Leistung (PS)	98
bei UPM	5.400
Höchstgeschw. (km/h)	155
Preisspiegel 2015 (in Euro)	Volkswagen Golf Country
Zustand 1	k.A.
Zustand 2	8.200
Zustand 3	6.200
Wertentwicklung	👍

Tipp: Lassen Sie sich den Zeitzeugen des heutigen SUV-Booms nicht entgehen.

96 Volkswagen Golf GTI 19E

Nach dem Erscheinen des Golf II GTI waren sich die Kritiker einig. Zu groß, zu schwer – kurz: eines GTI nicht würdig. Heute sind die Meinungen über den „Zweier" deutlich anders. Das Modell wird zum gesuchten Youngtimer.

Nachdem Volkswagen mit den Pirelli-Sondermodellen erfolgreich den Golf GTI der ersten Generation in den Ruhestand verabschiedet hatte, kam 1984 der zweite sportliche Golf auf den Markt. Größer und damit geräumiger, aber nicht mit mehr Leistung gesegnet, rutschte der Neue schnell ins Aus bei den Fans. Erst mit Einführung der lange angekündigten 16-Ventiler-Version (139 PS) war die Welt des Golf GTI halbwegs wieder in Ordnung. Der Abstand zum Erzrivalen Opel Kadett GSI war zwar nur bedingt wieder hergestellt, doch das Leistungsmanko überspielte der Golf GTI 16 V geschickt mit seinen Tugenden, wie Understatement, Solidität und Wiederverkauf. Die Einführung der Katalysatortechnik brachte das Leistungsmanko wieder auf die Tagesordnung, sodass VW sich gezwungen sah, kurz vor Produktionsende des Golf II (Typ 19 E) den Golf GTI G60 nachzulegen. Der schnellste Golf II hatte nun 160 PS aus einem mit einem Spirallader aufgeladenen 1,8-Liter-Motor und wer wollte, bekam sogar den Allradantrieb „syncro" eingebaut. Die Freude währte aber nur kurz, denn ab 1993 rollte schon der Nachfolger von den Bändern.

▶ Bild oben: Bei seiner Einführung im Jahr 1986 kam der Golf GTI 16V noch mit den schmalen Stoßfängern daher. Serienmäßig waren damals auch nur 185er-Reifen auf 14-Zoll-Blechfelgen.

Bild unten: Nach der Modellpflege gab es wuchtige Plastikschürzen und geschmiedete Alufelgen für alle GTIs.

Produktion	1984–1992
Stückzahl	k.A.
Bauart	R4-Zylinder
Steuerung	OHC, DOHC
Hubraum (l)	1,8
Leistung (PS)	107–160
bei UPM	5.800
Höchstgeschw. (km/h)	200
Preisspiegel 2015 (in Euro)	Volkswagen Golf GTI 16 V G-Kat
Zustand 1	8.000
Zustand 2	7.200
Zustand 3	5.800
Wertentwicklung	

Tipp: Unverbastelte GTIs findet man, man muss nur suchen. Beim Topmodell G60 allerdings sehr lange. Der „syncro" ist eine echte Rarität.

97

Volkswagen Polo G40

Was zunächst als kleine Sonderserie von 500 Stück geplant worden war, entwickelte sich zu einem beliebten Serienmodell. Der Polo G40 ist heute eine Legende.

Hinter der Fahrzeugschlüsselnummer 719 des Herstellers Volkswagen verbirgt sich eine absolute Rarität. Es ist eben jener High-End-Polo, der ab 1987 für Ekstase bei den Polo-Liebhabern sorgte. Eine Sonderserie von 500 ausschließlich schwarz lackierten Polo-Coupés verließ damals das Band. Ausgerüstet mit einem 1,3 Liter großen Vierzylinder, der mit einem von VW bis zur Serienreife entwickelten Spirallader aufgeladen worden war, lieferte das Triebwerk 115 PS und brachte damit jenen Fahrspaß zu den Kunden, die diesen seit dem Ableben des Golf I GTI schmerzlich

▶ Der wahre Golf-GTI-Nachfolger ist wohl der Polo G40. Er verkörpert Tugenden wie geringes Leistungsgewicht und agiles Handling, wie einst sein berühmter Vorfahre. Dazu kommt eine auf das Nötigste beschränkte Ausstattung, mit der das Lebensgefühl der späten Achtziger wieder zurückkehrt.

vermisst hatten. Ein optimiertes Fahrwerk und ein paar Sportsitze rundeten das Angebot ab. Die Sonderserie war binnen Tagen vergriffen, sodass eine zweite Auflage in der alten Karosserie folgte, bis VW einsah, dass die Nachfrage für eine Sonderserie doch zu groß war und mit dem Modellwechsel das Modell ins reguläre Programm hob. Aufgrund des inzwischen obligatorischen G-Kats hatte der G40 nun nur noch 113 PS und wog aufgrund einiger Ausstattungsänderungen etwa 100 Kilogramm mehr. An seiner Beliebtheit änderte das allerdings bis heute wenig.

Produktion	1987–1994
Stückzahl	k.A.
Bauart	R4-Zylinder
Steuerung	OHC
Hubraum (l)	1,3
Leistung (PS)	113–115
bei UPM	6.000
Höchstgeschw. (km/h)	196
Preisspiegel 2015 (in Euro)	Volkswagen Polo G40 G-Kat
Zustand 1	8.000
Zustand 2	5.200
Zustand 3	3.800
Wertentwicklung	👍

Tipp: Sammler nehmen die erste, Daily Driver die zweite Serie. Für beide Serien gilt: Aufpassen beim G-Lader. Ersatz ist rar und teuer. Besonders beliebt: das Sondermodell „Genesis" der zweiten Serie (2F).

98 Volkswagen Scirocco

Als Hausfrauencoupé par exellence gilt der Volkswagen Scirocco. Zu Unrecht, denn zumindest die stärkeren Versionen sind durchaus veritable Dynamiker.

Mit mehr Platz und besserer Ausstattung sollte der 1981 auf dem Genfer Salon präsentierte Scirocco der zweiten Generation bei den Kunden punkten. Im Design stark an den von Altmeister Giugiaro gezeichneten Ur-Scirocco angelehnt, gefiel das Auto dem Publikum. Positiver Nebeneffekt der Neugestaltung war auch die Optimierung des c_w-Werts auf nun 0,38, was wiederum den Fahrleistungen und dem Verbrauch zugute kam. Der Scirocco GTI der zweiten Generation lief mit 112 PS immerhin 191 km/h. Dass das Auto letztlich unter dem Blech nichts Neues zu bieten hatte, blieb der zumeist weiblichen Kundschaft verborgen. Die freute sich vielmehr an der Problemlosigkeit des in weiten Teilen noch vom Golf I abstammenden Modells. Um den Verkauf anzukurbeln, setzte Volkswagen zunächst auf die Strahlkraft eines sportlichen Spitzenmodells. Mit dem 139 PS starken Scirocco 16 V kam 1985 zumindest kurzzeitig frischer Wind in das Verkaufsprogramm. Aber auch Sondermodelle wie der GTS und das komplett in Weiß gehaltene Modell „White Cat" konnten letztlich nicht verhindern, dass die Verkaufsziele des Autos nie erreicht wurden. Die zusätzliche Konkurrenz des Corrado (ab 1988) ließ die Absatzzahlen weiter einbrechen, sodass VW sich entschloss, das Auto 1992 vom Markt zu nehmen.

▶ Bild oben: Das Sondermodell „White Cat" verwöhnte die Kunden mit strahlendem Weiß an allen Fahrzeugteilen. Selbst die Rückleuchten waren weiß eingefärbt.

Bild unten: Wesentlich bodenständiger gab sich da der Scirocco GT, hier in der 16-V-Version. Seine Anbauteile waren schwarz.

Produktion	1981–1992
Stückzahl	291.497
Bauart	R4-Zylinder
Steuerung	OHC, DOHC
Hubraum (l)	1,8
Leistung (PS)	98
bei UPM	5.500
Höchstgeschw. (km/h)	182
Preisspiegel 2015 (in Euro)	Volkswagen Scirocco 95 PS
Zustand 1	k.A.
Zustand 2	4.200
Zustand 3	2.800
Wertentwicklung	

Tipp: Sichern Sie sich einen 16 V oder ein Sondermodell. Letztere werden oft von älteren Damen billig abgegeben.

99 Volkswagen T3

Vom Gebrauchsgegenstand zum Liebhaberstück. Wohl nur wenigen Autos gelingt dies so gut wie dem VW Bus T3. Besonders die limitierten Versionen sind beliebt.

Bei der dritten Generation des Volkswagen Transporters war fast alles neu. Das Design brach mit dem rundlichen Antlitz des Vorgängers, die Innenausstattung war nahezu luxuriös und dem Fahrwerk hatten die Entwickler Sportwagengene in die Schraubenfedern gemixt, so gut lag der T3. Nur bei den Motoren blieb vieles beim Alten, was bedeutete, dass die Vierzylinder-Boxer nach wie vor nach guter alter Käfer-Manier im Heck rumpelten. Natürlich blieb es auch zunächst bei der Luftkühlung. Erst ab 1982 stellte Volkswagen auf Wasserkühlung um und brachte mit dem 1,6-Liter-Dieselmotor aus dem Golf auch einen Selbstzünder in den Bus. Im Laufe der Jahre entwickelte sich der T3 zum Lifestyleauto. Modelle wie die Caravelle Carat mit luxuriöser Innenausstattung und einem 112 PS starken Boxermotor oder der höher gelegte „syncro" zeugen ebenso von der freizeitnahen Verwendung wie die Vielzahl von Wohnmobilen, die VW im Laufe der Jahre anbot. Selbst ein Sechszylinder hielt in den T3 Einzug, wenngleich auch nur als Angebot des Tuners Oettinger, der mit dem WBX 6 getauften Bus eine Alternative für Limousinenkunden bereit hielt. Am Ende verabschiedete VW den T3 in Europa mit den heute gesuchten Sondermodellen „Limited Last Edition" und Bluestar.

▶ Bild oben: Sondermodelle waren schon immer besonders reizvoll für die Bus-Kundschaft. Die Doppelkabine „Tri Star" ist eine echte Rarität und entsprechend teuer.

Bild unten: Der normale Kombi hingegen kann noch für kleines Geld erworben werden und eignet sich als hervorragendes Alltagsauto.

Produktion	1979–1992
Stückzahl	k.A.
Bauart	R4, B4-Zylinder
Steuerung	OHC
Hubraum (l)	1,6–2,1
Leistung (PS)	95
bei UPM	4.800
Höchstgeschw. (km/h)	142
Preisspiegel 2015 (in Euro)- Volkswagen Bus 2.1	
Zustand 1	k.A.
Zustand 2	7.200
Zustand 3	4.800
Wertentwicklung	👍

Tipp: VW-Busse sind Sammlerstücke und werden zunehmend gefälscht. Darum bei den Sondersierien auf Echtheit achten.